1+X 职业技术·职业资格培训教材

中式烹调师

五级

第2版

编审委员会（以姓氏笔画为序）

孔坤寿　阮汝玮　吴万良　邵建华　钱雅蓉　黄行毅　蔡　敏
舒华德　廉海明　薛计勇

主　编　邵建华

副主编　孔坤寿

主　审　吴万良

配套光盘菜肴制作　夏庆荣　郝秉钊　黄才根　邵昌年　顾明钟
　　　　　　　　　翁建和　沈　巍　唐仁必

中国劳动社会保障出版社

图书在版编目（CIP）数据

中式烹调师：五级/上海市职业技能鉴定中心组织编写. —2版. —北京：中国劳动社会保障出版社，2014

1＋X职业技术·职业资格培训教材

ISBN 978-7-5167-0943-6

Ⅰ.①中⋯　Ⅱ.①上⋯　Ⅲ.①烹饪-方法-中国-技术培训-教材　Ⅳ.①TS972.117

中国版本图书馆CIP数据核字（2014）第076801号

中国劳动社会保障出版社出版发行

（北京市惠新东街1号　邮政编码：100029）

*

北京市艺辉印刷有限公司印刷装订　新华书店经销

787毫米×1092毫米　16开本　13.5印张　249千字

2014年8月第2版　2024年4月第14次印刷

定价：37.00元

营销中心电话：400-606-6496

出版社网址：http://www.class.com.cn

内 容 简 介

　　本教材由人力资源和社会保障部教材办公室、中国就业培训技术指导中心上海分中心、上海市职业技能鉴定中心依据上海 1＋X 中式烹调师（五级）职业技能鉴定细目组织编写。教材从强化培养操作技能、掌握实用技术的角度出发，较好地体现了当前最新的实用知识与操作技术，对于提高从业人员基本素质、掌握中式烹调师的核心知识与技能有直接的帮助和指导作用。

　　本教材在编写中根据本职业的工作特点，以能力培养为根本出发点，采用模块化的编写方式。全书共分为 9 章，内容包括概述、厨房卫生与安全、常用烹饪原料、原料的加工、烹调基础知识、菜肴烹制前的准备、刀工操作、热菜烹制实例、凉菜制作实例等。

　　本教材可作为中式烹调师（五级）职业技能培训与鉴定考核教材，也可供全国中、高等职业院校相关专业师生参考使用，以及本职业从业人员培训使用。

改 版 说 明

　　《1＋X 职业技术·职业资格培训教材——中式烹调师（初级）》自 2004 年出版以来，受到广大学员和从业者的欢迎，在中式烹调师职业技能培训和资格鉴定考试过程中发挥了巨大作用。然而，随着行业的迅速发展，中式烹调从业人员需要掌握的职业技能有了新的要求，原有中式烹调师职业技能培训和资格鉴定考试的理论及技能操作题库也进行相应提升。为此，人力资源和社会保障部与上海市职业技能鉴定中心组织相关方面的专家和技术人员，依据新版中式烹调师职业技能鉴定细目对教材进行了改版，使之更好地适应社会的发展和行业的需要，更好地为从业人员和广大读者服务。

　　第 2 版教材以模块化方式编写，从易到难，循序渐进，科学合理。第 2 版教材增加了菜肴制作的光盘，操作步骤和技术要点用实际操作的方式呈现，学员更易掌握。本书技能操作的章节附有选料、刀工处理、烹制过程、质量标准以及要点分析，使读者能更快掌握操作技能。另外，本书最后附有两套模拟试卷及答案，供学员检测和巩固所学的知识和技能。

　　第 2 版教材在编写过程中，得到了雀巢（中国）有限公司专业餐饮的大力支持，也得到了以下人员的大力帮助：周存良、贺友蔚、张江、史锦耀、张民伟、蔡圣明、金国平、罗芳宇、丁辉华、金斌、吴旭峰、崔知宇、郭天旻、沈孝忠、叶维火，在此一并致谢。

　　由于时间紧迫，编写较为仓促，教材中难免存在不足和纰漏，欢迎读者及业内同人批评指正。

前　言

　　职业培训制度的积极推进，尤其是职业资格证书制度的推行，为广大劳动者系统地学习相关职业的知识和技能，提高就业能力、工作能力和职业转换能力提供了可能，同时也为企业选择适应生产需要的合格劳动者提供了依据。

　　随着我国科学技术的飞速发展和产业结构的不断调整，各种新兴职业应运而生，传统职业中也愈来愈多、愈来愈快地融进了各种新知识、新技术和新工艺。因此，加快培养合格的、适应现代化建设要求的高技能人才就显得尤为迫切。近年来，上海市在加快高技能人才建设方面进行了有益的探索，积累了丰富而宝贵的经验。为优化人力资源结构，加快高技能人才队伍建设，上海市人力资源和社会保障局在提升职业标准、完善技能鉴定方面做了积极的探索和尝试，推出了1＋X培训与鉴定模式。1＋X中的1代表国家职业标准，X是为适应经济技术发达地区社会发展的需要，对职业标准和题库进行的内容提升。1＋X包括了职业标准未覆盖的职业，也包括对传统职业的知识和技能要求的提高，尤其是补充了职业发展所需的高新技术内容。

　　上海市1＋X培训与鉴定模式，得到了国家人力资源和社会保障部的支持和肯定。为配合上海市开展的1＋X培训与鉴定的需要，人力资源和社会保障部教材办公室、中国就业培训技术指导中心上海分中心、上海市职业技能鉴定中心联合组织有关方面的专家、技术人员共同编写了职业技术·职业资格培训系列教材。

　　职业技术·职业资格培训教材严格按照1＋X鉴定考核细目进行编写，教材内容充分反映了当前从事职业活动所需要的核心知识与技能，较好地体现了适用性、先进性与前瞻性。聘请编写1＋X鉴定考核细目的专家，以及相关行业的专家参与教材的编审工作，保证了教材内容的科学性及与鉴定考核细目以及题库的紧密衔接。

职业技术·职业资格培训教材突出了适应职业技能培训的特色，使读者通过学习与培训，不仅有助于通过鉴定考核，而且能够有针对性地进行系统学习，真正掌握本职业的核心技术与操作技能，从而实现从懂得了什么到会做什么的飞跃。

职业技术·职业资格培训教材立足于国家职业标准，也可为全国其他省市开展新职业、新技术职业培训和鉴定考核，以及高技能人才培养提供借鉴或参考。

新教材的编写是一项探索性工作，由于时间紧迫，不足之处在所难免，欢迎各使用单位及个人对教材提出宝贵意见和建议，以便教材修订时补充更正。

人力资源和社会保障部教材办公室
中国就业培训技术指导中心上海分中心
上海市职业技能鉴定中心

目　录

第 1 章

概述

第1节　烹调和烹饪

一、烹调和烹饪的定义

烹调是制作菜肴的一项专门技术。"烹"是"化生为熟"，就是对烹饪原料以明火、电磁、微波、腌制等方法加工，使之达到人们认可的熟度；"调"是调和滋味。烹调是烹和调的结合，具体地说，就是将经过加工整理的食物原料，用加热等方法结合加入调味品做成菜肴的一门技术。

烹饪的范围更广，"饪"是熟食，食物原料经加热，并使之成熟即为烹饪。在餐饮业的生产加工中分为面点制作（又称白案）和菜肴制作（又称红案）两个部分。

我国的烹饪技艺历史悠久，素以选料讲究、制作技艺精湛、品种丰富多彩闻名于世，是我国宝贵的文化遗产之一。

恩格斯曾说过，熟食使猿变成了人。烹饪对人类从原始时期进入文明时期有着重大的影响。

在人类社会文明高度发展的今天，我国的烹饪技艺体现出高度技术性、艺术性和科学性，不断地改善和丰富着人们的物质生活。因此，我们应当在认真学好基础理论知识、练好各项操作基本功的基础上，切实全面地掌握这门技术，并力求在继承中发展，把中国的烹饪技艺发扬光大。

二、烹调的作用

烹和调在具体的操作过程中是密不可分的，但它们对菜肴及人体所起的作用却各不相同，要区别认识。

1. 烹的作用

烹的作用是使原料由生变熟，在这个过程中，它的作用有以下五点：

（1）杀菌消毒。一般生的食物原料，不论多么新鲜，总或多或少地带有一些致病的细菌或寄生虫，但当温度达到85℃左右时，一般都可以被杀死。因此，烹的第一个作用，是通过加热对食物原料杀菌消毒，使食物成为可供安全享用的食品。

（2）分解养料，便于吸收。人必须从食物中获得糖、脂肪、蛋白质、矿物质、维生素等营养成分，以维持生命进而健康长寿。但是，这些营养成分都包含在各种食物中，人们进食后，食物必须经过牙齿的咀嚼、唾液和胃液的拌和、肠胃的蠕动，以及酶的分解作用，使食物的组织分解，才能吸收到营养成分。而"烹"就可以起类似的分解食物的作用。因为食物经过高温加热，会发生复杂的物理和化学变化，使食物组织初步分解。这就相当于在人体外先对食物进行了初步的消化工作，减轻了人体消化器官的负担，使食物中的营养成分更易于消化吸收。

（3）增香。未经烧煮的生肉完全没有什么香味，但把肉放在锅内煮烧，即使仅仅放些水，不加任何调味品，也会肉香四溢。其他食物原料，如蔬菜类和谷类，煮熟以后，也会有一些香味溢出。这是因为食物原料中大都含有一些醇、酯、酚、糖（淀粉）等，在受热时，一方面这些成分随着食物原料组织的分解而游离出来，另一方面这些成分又可以发生某些化学变化，变为某种芳香性的物质。所以，通过烹，食物就能味香可口。

（4）构成复合美味。一盘菜肴往往由好几种原料组成，而每一种原料都有其特有的滋味。

在烹调以前，各种原料的滋味都是独立存在、互不融合的。由物理学关于分子运动的原理可知，任何物质中的分子都处在运动中，温度越高，运动就越激烈。几种原料放在一起加热，随着温度的升高，一种原料内的一部分分子就会进入另一种原料内部。特别是通过锅中沸热的水和气的作用，使各种原料中的分子更易于相互渗透，从而形成复合的美味。例如，把梅干菜和肉放在一起烧煮，肉中的一些分子会渗入到梅干菜中去，梅干菜中的一些分子也会渗入肉中，于是梅干菜中含有肉的味道，肉中含有梅干菜的味道，使肉和梅干菜都更加美味可口。

（5）增色美形。烹可以大大改善食物的外观。例如，用急火速炒成熟的蔬菜，颜色碧绿；虾经过油炸后颜色鲜红；鱼片经过滑油后洁白如玉。同时，有些剞过花刀的原料，加热后会收缩成球形、佛手形、荔枝花、麦穗形、松子花、菊花形、兰花形等各种美观的形态。

2. 调的作用

（1）除异味。许多原料，如牛肉、羊肉、水产品等，都有较重的腥膻气味，通过加热只能除去其中一部分。如果在加热时加入葱、姜、蒜、酒、花椒、大料等调料，就能更多地遮掩这些原料的腥膻异味。同时，有些肉类原料往往油腻过重，使人感觉腻口，在烹制这些原料时加入适当的调味品，也可以起到解腻的作用。

（2）增美味。许多原料本身都是淡而无味的，难以引人食欲，必须加入调味品或采取其他调味措施，才能成为佳肴。例如，豆腐、粉皮、萝卜等只有加入一些葱、姜、蒜、糖、醋等调味品或把它们与鱼、肉等味浓的原料同煮，才可以使它们变得美味可口；又如，鱼翅、海参、燕窝之类，基本上没有什么滋味，如果不与鸡汤或其他鲜汤一同烹制，就不能成为滋味鲜醇的珍馐。

（3）定口味。菜肴的口味是通过调味确定的，菜肴的多种风味也是通过调味实现的。

用类似的烹调方法制作相同的原料，只要调味方法不同，菜肴口味也就迥异。例如，原料同样是鱼片，同样用"滑炒"的方法烹制，用番茄酱、盐、糖调味，即成为咸、鲜、酸、甜的茄汁鱼片；以盐、味精作主要调味料，则成为咸鲜口味的炒鱼片。可见，调味还是扩大菜肴花色品种和形成各种不同风味的重要手段。

（4）添色彩。调味品的加入还可以丰富菜肴的色彩。例如，酱油能使菜肴呈金红色或酱红色，咖喱粉能使菜肴呈淡黄色，红腐乳汁能使菜肴呈玫瑰红色等，从而使菜肴色彩浓淡适宜，鲜艳美观。

三、中式菜肴烹调流程

从烹调原料的选择、验收，再经初步加工、切配、调味、加热或腌拌到成菜装盘，这一系列连续进行的全部操作过程就是烹调工艺流程。中式菜肴烹调的一般程序如图 1—1 所示。

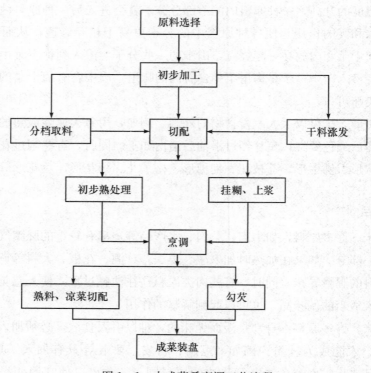

图 1—1　中式菜肴烹调工艺流程

在具体操作中，其工艺流程分别有如下几类：

1. 热菜烹调工艺流程，可分为以下两种：

（1）原料验收、选料→原料初加工→分档取料→刀工处理→菜肴配料、调味→加热→烹调制作→成菜装盘

（2）原料验收、选料→原料初加工→分档取料→（直接）初步熟处理→刀工处理→菜肴配制→烹调制作→成菜装盘

2. 凉菜的烹调制作工艺流程，也可分为以下两种：

（1）原料验收、选料→原料初加工→分档取料→熟制处理→刀工处理→调味成菜装盘

（2）原料验收、选料→原料初加工→分档取料→刀工处理→初步熟处理→烹调制成菜→晾凉调味成菜装盘

第 2 节　中国菜的特点

一、选料广博

中国地大物博，中国菜原料的选择得天独厚。中国菜的烹饪原料大致可分为禽类、畜类、蛋品、蔬菜、果品、水产、粮食、干料、调味料等几大类。每类又可以分为许多品种。即使同品种也因产地不同、品种不同、部位不同、加工不同而特点各不相同，尤其是水产和蔬菜，季节性很强。中餐厨师能按菜选料，因料制菜，安排得十分巧妙合理。比如，同是猪肉，上脑部分肥瘦参半，又很细嫩，于是被选作广东菜咕老肉的原料；腿肉中的坐臀肉，纤维粗糙，但香味很足，做白切肉非它莫属。

二、切配讲究

中国菜肴刀工的精细，在国际上享有盛誉。中国厨师能把原料切成片、丝、丁、条、块、粒、段、米、蓉、泥等形状，而且大小、粗细、厚薄整齐划一。有些原料经过刀工美化，制成栩栩如生的鸟、兽、花、草等美丽的图案和形象，颇具艺术美感。例如，经剞制的黄鱼放在油锅里一炸，能制成人们赞不绝口的蛙式黄鱼、松鼠黄鱼；萝卜、土豆是极普通的菜肴原料，但一经厨师们雕琢，就变成鲜艳的菊花、月季花、凤凰、孔雀等造型。中国菜还讲究拼配。比如鸡粥蹄筋，以蹄筋配鸡蓉和火腿粒。蹄筋含胶原蛋白质，这是一种

不完全蛋白质，而鸡蓉和火腿含完全蛋白质，两者相辅，使蛋白质起到了互补的作用，提高了营养价值。从口味上来讲，细小的鸡蓉和火腿裹覆在蹄筋表面，使本身无味的蹄筋顿生美味，火腿粒的颜色又点缀了鸡蓉、蹄筋洁白的主色调。

三、烹调方法繁多

中国菜的烹调方法之多，也是世界上首屈一指的。常见的烹调法大类就有几十种，一个大类还可分为好多小类，全国各地还有许多地方色彩浓郁的地区性烹调法。

调料多也是中国菜的一大特色。川菜讲究七滋八味，广东菜讲究五滋六味，而调味的不同是形成地方风味特色菜的主要原因之一。例如潮州菜，十分重视调味，每样大菜上席时，必配上具有各种味道的"味碟"做伴。当"生蒸鱼"上桌时，必须用橘油碟；烧、炸、烤、煎之类，有的是用甜酱或梅膏碟，有的则用橘汁或红醋之类蘸着吃，风味别致。

四、菜品丰富，特色鲜明

原料多、烹调方法多，它们排列组合，便生成无穷无尽的菜肴来。比如，同是鸭子，用不同的加热方法和不同的调料，就可以做成香酥鸭、八宝鸭、奶油莲香鸭、京葱扒鸭、脆皮鸭、葫芦鸭、琵琶鸭、烤鸭、炸熘鸭条等几十种鸭馔。全鸭席、全牛席、全羊席等在一些大城市里随处可见。由于全国各地气候、环境、物产、风俗习惯不尽相同，各地的口味嗜好也不同。

比较粗略地说，川湘的麻辣、闽粤的清淡、苏沪的偏甜、东北的鲜咸等，这些特色都在各地菜肴中具体体现了出来，也丰富了菜肴的品种。此外，中国菜还强调色、香、味、形、器俱佳。这是一个菜的标准，也是一席菜的标准。前者偏重于逐字落实，后者强调菜与菜组合的整体美。

第 3 节　厨师应具备的素质

一、良好的厨德

行有行规，厨有厨德。德才兼备，始为大家。

第一，作为一名厨师，心中要有消费者，处处为消费者着想，要用安全卫生、富有营养的美食和周到的服务去赢得消费者的尊重。

第二，要刻苦钻研技术，虚心向前辈、同事请教。烹调技术是手工劳动，技艺高低全赖积累和经验。因此，要花苦工夫才会练就一身过硬的本领。虚心求教，才能更多地掌握操作技巧。

第三，要尊重同行，爱护徒弟。

二、丰富的烹调理论知识

1. 掌握扎实的烹调基础理论知识

随着科学技术的发展，烹调学内涵与外延已涉及社会科学和自然科学领域的很多知识，这就要求厨师尽快地提高自身的文化、业务素质。烹调基础理论是研究、提高烹调技艺的基本要素，是厨师思维的依据、能力的基础和发展的源泉。厨师只有掌握系统的烹调基础原理，才能使专业理论水平和操作技艺水平有大幅度的提高，成为融知识与技术为一体的新型厨师。

2. 具备一定的营养学知识

作为一个合格的厨师必须掌握各种烹饪原料的营养含量、各类营养素的功用，并结合菜点在烹制时的营养变化、不同的就餐者对营养的不同需求量等，掌握菜点营养分析和科学配膳等营养学知识，这也是我国烹饪事业发展的方向。

3. 通晓烹饪美学知识

厨师还必须具备一定的烹饪美学修养，用烹饪美学的规律来指导饮食活动，使顾客在品尝美味之余，齿颊留香，赏心悦目，从而达到生理上的舒适、心理上的愉悦。

除上述要求外，作为一名有进取心的厨师还应当学习与烹饪有关的知识，如心理学、生物学、化学、物理学，以及史学、民俗学、卫生学等，努力提高自身的综合能力。

三、娴熟的烹饪操作技术

1. 掌握选料与初加工技术

选料与初加工是为切配、烹调奠定基础的重要工序，是美馔佳肴的起始。每一道菜肴都有其对原料的要求，选料出错，再好的手艺也无济于事。初加工质量是否符合要求，会影响成品菜肴的各项指标。还有各种干料的发制，都需要厨师娴熟的操作技术。

2. 具备厚实的切配功底

刀工是一项具有很强技术性、艺术性的基本功。厨师要做到能在一定时间内，根据烹调的要求及原料的性能，采用不同的刀技刀法，将原料切割成粗细一致、厚薄均匀、大小相等、整齐划一的形状。比如，做土豆松的土豆丝要能根根穿过针眼，且粗细一致，不经苦练，绝无可能。

配菜的技术性表现在：根据菜肴的不同要求和不同原料性能、不同季节、不同就餐对象等因素，科学地调配单个菜和筵席菜的质、量、味、色、形、营养。

3. 把握复杂多变的烹调技术

烹调技术的核心是掌握火候和调味技术。火候是保证菜肴质感的基础。由于火候是由火力大小、加热时间长短、传导工具传热速度、传热媒介总能等多种因素构成，因此，要求烹调师在工作实践中依据上述因素，结合原料的性质、菜肴的要求、原料的形体和数量等具体情况把握运用。

调味即调和滋味，它的可变因素也非常多，因此必须根据菜肴的要求、数量多少、调料的理化变化、人们饮食习惯、季节气候差异、原料的不同性质等，来掌握各种调料的兑制、投放量、投放次序及把握调味的不同阶段变化，以达到五味调和百味香的效果。

烹调技术还包括挂糊、上浆、勾芡、原料初步熟处理、装盘等内容。

4. 具有综合运用各项基本功的能力

前面所述均是一些单项基本功技术，正式烹调时是各种单项技术的混合运用。菜肴大致要经配料、初加工、切配、原料初步熟处理、挂糊、上浆、拍粉、烹调、勾芡、装盘等几道工序。因而，每道菜肴也就是厨师综合运用各种单项技术的产物。所以，各种基本功技术综合运用的能力，对厨师来讲是至关重要的。

四、了解与厨房业务相关的知识

1. 面点制作技术

好厨师应一专多能、全面发展。而且，当技术达到一定水准时，就会发现技术的内核是相通的，可以相互促进，共同提高。因此，厨师在掌握烹调技艺的基础上，也应加强对面点制作的学习和研究。

2. 掌握饮食业成本的核算技术

厨师应该懂得菜肴成本核算的知识。赢利是企业的首要目标。而要做到赢利，需要每一个厨师精打细算，杜绝浪费，合理选择原料、提高原料的利用率，协助厨房成本核算员把好成本核算这一关。

3. 能胜任厨房管理工作

厨房管理是一项难度很大的工作。要胜任这项工作，必须根据企业的特点，职工的思想、文化、业务技术、素质进行科学化管理。具体来说，应做到，合理组织和使用劳动力，建立健全各项规章制度，严格劳动纪律；加强职工精神文明和职业道德教育，提高职工专业技术水平；掌握市场商品信息、企业库存和餐厅经营情况；加强成本核算，节约原料，降低成本和费用，提高经济效益；严格执行食品卫生"五四制"和《食品卫生法》，杜绝病从口入；注意原料的保藏，加强设备和工具的使用与保养；搞好与餐厅服务人员、白案工作人员的协作关系；组织好班前准备和班后小结工作，妥善处理营业中可能出现的各种问题等。

思 考 题

1. 什么是烹调？

2. 什么是烹饪？

3. 什么是烹饪技艺？

4. 什么是烹？

5. 烹的作用是什么？

6. 一般情况下，什么温度能杀死食物中的细菌？

7. 从食物中能获取哪些营养成分？

8. 肉的香味一般通过什么方法溢出？

9. 复合美味是怎样形成的？

10. 什么方法能改变食物的色与形？

11. 什么是调？调的作用是什么？

12. 什么是烹调的工艺流程？

13. 中国菜的特点是什么？

14. 一名合格的厨师应具备哪些素质？

第 2 章

厨房卫生与安全

第 1 节　饮食卫生

　　饮食卫生关系到人们的健康与安全，是餐饮企业安身立命之本。1960 年卫生部和商业部颁发了《关于食品加工、销售、饮食卫生"五四制"》，从制度上明确规定了对饮食卫生的要求。1995 年又颁发了《中华人民共和国食品卫生法》。这一方面说明饮食卫生的重要意义，另一方面也充分体现了党和政府对人民利益的关切和负责。所有从事烹调工作的人员，都要坚决贯彻执行《食品卫生法》和食品卫生"五四制"，搞好食品卫生，把住病从口入关。保证饮食安全卫生关键是做好食品原料卫生、店堂卫生、个人卫生和用具卫生。

一、店堂卫生

　　店堂卫生要达到如下要求：

　　1. 积极开展除害灭虫活动，灭苍蝇、老鼠、蟑螂等。

　　2. 原料要设库房，分类存放各种不同的原料。需要露天存放的原料，应设料棚或放于阴凉、干燥、通风处，避免日晒、雨淋、染尘，防止原料变质。

　　3. 餐厅和厨房的地面、墙壁、顶棚、桌椅、炉灶、砧板等要经常扫、抹、洗、刷，保持清洁、整齐。

　　4. 厨房建筑应光线明亮，自然通风良好。

　　5. 厨房设计时，生料与熟菜的通路不能重叠，防止交叉污染。初加工、切配间应与烹调间既相连又间隔开来，并设有防蝇、防尘、防鼠、洗涤、洗手、消毒、污水排放和存放废弃物（垃圾）的设备。

　　6. 厨房冷藏设备要定期清理和冲刷。一般在夏季每半月要用热碱水冲刷一次，以除油污和灭菌。

　　7. 库房、厨房和餐厅的废弃物，餐厨垃圾要及时处理，避免污染。

　　8. 建立日常、定期的清扫制度，实行店堂分片包干负责制，做到环境卫生经常化、制度化。

二、个人卫生

　　1. 个人卫生做到"四勤"。"四勤"即勤洗手、剪指甲，勤洗澡、理发，勤洗衣服、被褥，勤换工作服。

2. 定期检查身体，接受预防接种，严格执行卫生防疫部门关于饮食行业从业人员的健康标准的规定。若患有传染性疾病，应停止接触食物的工作，并及时治疗。

3. 在烹调操作时，试尝口味应用小碗或汤匙，尝后的余汁一定不能倒入锅内。假如用手勺尝口味，手勺必须用干净抹布擦拭干净后再用。

4. 严禁在操作时吸烟，接触熟食品时应戴口罩。

三、用具卫生

用具卫生要做到：

1. 严格执行食品卫生"五四制"中关于由原料到制成品实行"四不制度"和成品存放"四隔离"的规定，做到食品符合卫生标准。

2. 各种碗、盘、碟、筷、匙、杯等餐具"四过关"，做到干净、无毒。

3. 砧板、刀具要生熟分置，不用时应架放于干燥通风处并用净布盖好。

4. 锅、铲、勺等炊具应经常保持整洁，操作结束后要及时洗刷干净，放于固定处。

5. 抹布要经常搓洗，不能一布多用，以免交叉污染，消毒后的餐具不得用抹布擦抹。

四、食品卫生法规

1. 由原料到成品实行"四不制度"

"四不制度"即采购员不买腐烂变质的原料，保管验收员不收腐烂变质的原料，加工人员（厨师）不用腐烂变质的原料，营业员（服务员）不卖腐烂变质的食品；零售单位不收进腐烂变质的食品，不出售腐烂变质的食品，不用手拿食品，不用废纸、污物包装食品。

2. 成品（食物）存放实行"四隔离"

"四隔离"即生与熟隔离，成品与半成品隔离，食品与杂物、药物隔离，食品与天然冰隔离。

3. 用（食）具实行"四过关"

"四过关"即一洗、二刷、三冲、四消毒（蒸汽或开水）。

4. 环境卫生采取"四定"办法

"四定"即定人、定物、定时间、定质量，划片分工，包干负责。

第2节 预防食物中毒

食物中毒是由于吃了各种"有毒"食物而引起的中毒性疾病，多数以急性肠胃炎为主要症状。

一、食物中毒的种类

食物中毒大致可分为细菌性食物中毒、有毒动植物中毒和化学中毒。

1. 细菌性食物中毒

细菌性食物中毒在食物中毒中占有较大比重。细菌性食物中毒又可分为沙门氏菌属食物中毒、致病性大肠杆菌食物中毒、副溶血性弧菌食物中毒和葡萄球菌肠毒素中毒等。其中沙门氏菌属食物中毒最为常见。细菌性食物中毒多发生在气温较高的季节，即5—10月份间。发生的原因往往是原料被致病细菌污染，细菌在原料中大量繁殖；烹制时对原料加热不彻底或加热后又受到污染。中毒的症状往往是腹泻。

2. 有毒动植物中毒

有毒动植物中毒种类较多，最常见的是河豚鱼中毒和毒蕈中毒。其症状往往是昏迷、休克。

（1）河豚鱼中毒。河豚鱼是一种味道鲜美但含有剧毒的鱼类。河豚鱼的毒素主要集中在卵巢、肾脏、血液、鳃和眼睛等处。由于这种毒素能溶于水，因此会对人体的胃肠道产生刺激作用。

（2）毒蕈中毒。毒蕈即毒蘑菇，多为野生，往往在采摘时混入蘑菇原料中，或选择不慎混杂于原料中。常见的毒蕈有白帽蕈、褐鳞小伞蕈、捕蝇蕈等。这些毒蕈毒性很大，吃一两片或喝用其熬、炖的一两口汤，就有中毒的危险。毒蕈中毒除损害人的肝、肾等内脏外，还溶入人的血液，破坏人的红细胞，严重的还会致死。因此，在选择时要严加注意，一经发现即应焚毁或掩埋处理。

（3）发芽土豆中毒。原因是发芽土豆内含有龙葵碱，它对人的黏膜有刺激作用，一旦食用便出现脑充血、水肿、呕吐、腹泻等症状。

3. 化学中毒

化学中毒分砷中毒、铅中毒、锌中毒和亚硝酸盐中毒。其中亚硝酸盐中毒最为常见。形成亚硝酸盐的原因有：一是蔬菜腐烂；二是腌制肉制品、香肠时，为了使肉红色显色快和显色深，用了大量的硝酸盐；三是用不洁净的器皿盛熟菜（蔬菜），存放时间又过久，也可生成亚硝酸盐。化学中毒的症状往往是慢性的，但危害极大。

二、预防食物中毒的措施

预防食物中毒总的措施可归纳为三点，即：防止污染、控制繁殖和彻底消灭病原体。具体做法如下：

1. 认真贯彻执行食品卫生"五四制"，做到生熟原料分开，防止交叉污染。

2. 对生熟原料要及时加工处理，并及时放入冷藏设备中。如无冷藏设备，可放于阴凉通风处并盖上清洁的芹菜叶或大葱叶。

3. 烹调时要充分加热，对存放时间稍长的熟料，应回锅加热。

4. 要大力宣传有毒动植物的形态特征及其危害性，防止误食中毒。

5. 腌肉时尽量不要放硝，可多放点盐，腌咸菜时一定腌透。

6. 做好痢疾、传染性肝炎、伤寒、肺结核、霍乱等常见传染病的预防工作。

7. 严格进货渠道，健全追溯系统，杜绝生物性污染、化学性污染、放射性污染。

第3节 厨房操作安全

厨房是一个食品的生产车间，生产所使用的各种刀具、锐器、热源、电动设备等，在操作时如不采取安全防范措施随时可能造成事故。因此，厨房工作人员必须了解厨房中常见的几类事故，知道事故的防范措施，从而加强安全生产。

一、防割伤

割伤主要是由于使用刀具和电动设备不当引起。其预防措施是：

1. 使用刀具方面

要求厨师操作时集中注意力，按正确的刀法使用刀具，并随时保持砧板的干净和不滑腻。操作时不得持刀指手画脚，携刀时不得刀口向人。放置时不得将刀放在工作台边上，以防掉下砸到脚上，一旦发现刀具掉下不要随手去接。禁止拿着刀具打闹。清洗刀具时要求分别清洗，切勿将刀具浸在放满水的池中。刀具要妥善保管，不能随意放置。

2. 使用设备方面

要求懂得设备的操作方法才可使用。使用时要小心，如使用绞肉机，必须使用专用的填料器推压食品。在清洗设备时，要求先切断电源再清洗。清洗锐利部位要谨慎，擦时要将抹布折叠到一定的厚度，从刃口中间部位向外擦。另外，破碎的玻璃器具和陶瓷器具要及时处理，并用扫帚清扫，不得用手捡。

二、防跌伤

跌跤引起的生命威胁仅次于交通事故，厨房里跌跤又比其他事故多，因此必须引起特别注意。预防措施有：要求地面始终保持清洁和干燥，油、水洒地后要立即擦掉，尤其在炉灶作业区。厨师的工作鞋要具有防滑性能，不得穿薄底鞋、已磨损鞋、高跟鞋，以及拖鞋、凉鞋。穿的鞋不得使脚趾外露，鞋带要系紧。厨房行走的路线要明确，避免交叉，禁止在厨房里跑跳。厨房内的地面不得有障碍物。发现地砖松动，要立即修理。在高处取物时，要使用结实的梯子。

三、防扭伤

扭伤通常是引起厨房事故的又一原因，多数是因为搬运超负荷的物品和搬运方法不正确引起。使用正确的搬运物品的方法是关键的预防措施。要求在搬运重物前，先要把脚站稳，并保持背挺直，不得向前或向侧面弯曲。从地面取物要弯曲膝盖，搬起时重心放在脚部肌肉上，而不要在背部肌肉上。另外，一次搬物不要超负荷，搬移重物应请求其他员工帮助合作，或者使用手推车。

四、防烫伤

烫伤多发生在炉灶部门，防范的措施是：使用任何烹调设备或点燃煤气设备时，必须遵守操作规程；使用油锅或油炸炉时，要严禁水分溅入，以免引起爆溅灼伤人体；使用蒸锅式蒸汽箱时，首先要关闭阀门，再背向揭开蒸盖；烤箱或烤炉在使用时，严禁人体直接接触；煮锅中搅拌食物要用长柄勺，防止卤汁溅出烫伤；容器中盛装热油或热汤时要适量，端起时要用垫布，并提醒别人注意，不要碰撞；清洗设备时要冷却后再进行，拿取放在热源附近的金属用具时应用垫布。另外，严禁在炉灶间、热源处嬉闹。

五、防电击伤

厨房中的电器设备极易造成事故，预防的措施是：首先要请专家检查设备的安装和电源的安置，是否符合厨房操作安全的要求，不安全的应立即改正。所有电器设备必须有安全的接地线。其次要培训员工学会设备的操作。要求在使用前对设备的安全状况进行检查。例如，电线的接头是否牢固，绝缘是否良好，有无损伤或老化现象。使用中如果发现故障，应立即切断电源，不得带故障使用。湿手切勿接触电源插座和电气设备，清洁设备要切断电源。厨房员工不得对电路和设备擅自拆卸维修，对设备故障要及时提出维修。发现设备漏电要立即切断电源后搬走，等维修后再用。

六、防火灾和煤气中毒

厨房中的火灾事故是最容易发生的，因此要特别加以重视。厨房中引起火灾的主要有油、煤气、电等热源，采取的预防措施如下：

1. 要求在厨房生产中谨慎使用油锅

油锅在加温时，作业人员切不可离开，以免高温起燃，并教会员工油锅起火的安全处理方法。操作中要防止油外溢，以免流入供热设备引起火灾。要经常清洁设备，以防积在设备上的油垢着火。要防止排烟罩油垢着火，串入排风道，这样很难控制，会造成火灾。

2. 要求使用煤气设备的员工一定要知道煤气的危险性

如果发现煤气灶有漏气现象，要立即检查，并完全安全后再使用。煤气火突然熄灭，要关闭阀门，以防煤气外泄在第二次点火时引起爆炸起火，或因煤气浓度过高引起窒息。工作结束一定要关闭阀门。对煤气设备的使用一定要严格按照操作规程操作。对电器、烟蒂等火源也不能低估，要定期检查，消灭火灾隐患。另外，厨房必须备有足够的灭火设备，每个厨房员工都应知道灭火器的位置和使用方法。

思 考 题

1. 店堂的卫生要达到哪些要求？
2. 个人的卫生要达到哪些要求？
3. 用具卫生有哪些要求？
4. 食品卫生法规具体内容有哪些？
5. 常见的食物中毒有哪几类？
6. 预防食物中毒有哪些措施？
7. 如何消除厨房的安全隐患？

第3章

常用烹饪原料

烹饪原料是用来烹制菜点的材料。我国的烹饪原料品种繁多，包括飞禽、走兽、家禽、家畜、蔬菜、水果、粮食、水产品、调味品等。据不完全统计，其总数约在万种以上，其中常用的约在 3 000 种。随着科学技术的发展还会不断出现新的烹饪原料。对如此众多的原料按一定的标准和依据进行科学的分类便于系统地分析认识烹饪原料的各种属性、特点，以及烹饪原料与烹调技术的内在联系，进一步开发和充分利用烹饪原料，是非常必要的，也是很有实际意义的。

烹饪原料按性质可分为：动物性原料，如家畜、家禽、鱼类、虾蟹类等；植物性原料，如粮食、蔬菜、果品等；矿物性原料，如盐、碱、矾等；人工合成原料，如香料、色素等。这种分类方法属性明确、简单明了，容易理解和记忆，应用较广泛。

第 1 节　家畜的品种及特点

一、常用家畜简介

1. 猪

猪是一种含有较多肌肉、脂肪的畜类，因而烹调后滋味鲜美。猪肉本身的品质因猪的品种、饲养状况及年龄不同而有所不同。猪肌的颜色一般呈淡红色，煮熟后呈灰白色，肌肉纤维细而柔软，结缔组织较少，脂肪含量较其他肉类多。育龄为 1～2 年的猪，肉质最好、鲜嫩、味美。按大类划分，猪可分为华北和华南两大类。

（1）华北猪的特点。华北猪包括东北、黄河流域地区的猪。总的特点是：体躯长而粗，耳大、嘴长、背平直，四肢较高，体表的毛比较多，背脊上的鬃比较长，毛色纯黑。这种猪成熟较迟，繁殖能力较强。

（2）华南猪的特点。华南猪包括长江流域、西南和华南地区的猪。这种猪的特点是：体躯短阔丰满，皮薄、嘴短、额凹、耳小，四肢短小，背宽，毛细，颜色黑白皆有，肉质鲜美，成熟较早。

此外，我国较有名的品种还有北京黑猪、河北定县猪、辽宁新金猪、四川荣昌猪、浙江金华猪、湖南宁乡猪、广东梅花猪、江苏太湖猪，以及从国外引进的乌克兰大白猪和约夏克等品种。

2. 牛

牛肉在畜肉消费中占有较大比重，现在供应市场的牛肉一般是专门饲养作肉用的菜牛。菜牛肉按品种分有黄牛肉和水牛肉；如按生长期分有犊牛肉、犍牛肉。不同品种以及不同性别和生长期的牛肉，在质量上有较大的差别。

（1）黄牛肉的特点。肉色呈暗红色，肌肉纤维较细，臀部肌肉较厚，肌间脂肪较少，为淡黄色，肉质较好。

（2）水牛肉的特点。水牛肉色比黄牛肉暗，肌肉纤维粗而松弛，有紫色光泽，臀部肌肉不如黄牛肉厚，脂肪为黄色，干燥而少黏性，肉不易煮烂，肉质不如黄牛肉。

（3）犊牛肉的特点。未到成年期的牛即为犊牛。犊牛的肌肉呈淡玫瑰色，肉细松弛，肌肉间含脂肪很少，肉的营养价值及滋味远不如成年的牛。

（4）犍牛肉的特点。犍牛肉结实柔韧，油润，呈红色，皮下积蓄少量黄色脂肪，肌肉间也夹杂少量脂肪，质量较好。

3. 羊

羊肉在畜肉类消费中仅次于猪肉、牛肉，尤其在蒙古族、回族、藏族、维吾尔族居民中，其消费比例更高。羊主要有绵羊、山羊，其中有名的品种有蒙古肥绵羊、哈萨克绵羊、成都麻山羊等。

（1）绵羊的特点。绵羊在我国分布很广，通常肉、毛、皮兼用，肉体丰满，肉质较山羊为好，是上等的肉用羊。绵羊肉肉质坚实，颜色暗红，肉纤维细而软，肌肉很少夹杂脂肪。经过育肥的绵羊，肌肉中夹有脂肪，呈纯白色。

（2）山羊的特点。山羊的主要产区在东北、华北和四川，主要以肉用为主。体形比绵羊小，皮质厚。肉的色泽较绵羊浅，呈较淡的暗红色。皮下脂肪稀少，但在腹部积存较多的脂肪，有膻味，肉质不如绵羊。

4. 驴

驴是一种食草性畜类，性情较为温顺，其肉中瘦肉较多，味道鲜美，素有"天上龙肉，地下驴肉"之称。驴皮、驴鞭都是知名的食疗原料，尤其酱驴肉是华北、东北一带风味食品之一。

二、常用家畜脏杂的品种特点

1. 肝的特点

肝的主要特点是细胞成分多，质地柔软，嫩而多汁。加工肝时要特别注意去掉右内脏面上的胆囊（俗称苦胆），但不要弄破。在烹调中，肝一般作为主料使用，刀工成形一般多为片状，适宜于多种口味。因为肝是内脏器官，难免有脏腥气味，所以在用肝制作菜肴调味时，要重用葱、姜、酒等香料。取用猪肝为主料制作的菜肴有炒肝尖、熘肝尖、酱猪肝等。

牛肝的质地和色泽与猪肝相似，但加热成熟后硬于猪肝。

2. 肾的特点

肾又称腰子，其主要食用部位是肾皮质。用腰子制作菜肴时要去掉肾髓（即腰臊）。腰子在刀工处理上主要是花刀，如麦穗花刀、多十字花刀等，剖上花刀使受热面积增大，便于旺火速成，易入味，外形美观。用腰子制作菜肴时不要加热过度，否则菜肴质地老。腰子在菜肴中多作主料使用，适宜旺火速成的烹调方法，如炒、爆、烩等。在调味时可加适量醋以去其腥臊。用腰子可以制作炒腰花、烩蜈蚣腰丝、熘腰穗等菜肴。

3. 胃的特点

胃俗称肚。由于胃壁是由四层平滑肌交叉组成，所以肌层较厚实，韧性大。肚在烹调中多作主料使用，一般刀工成形是片、条、丝等。常用的烹调方法是爆、炒、酱、拌等，特别是幽门部分俗称"肚头"，刚及断生时特别脆嫩，最宜用旺火爆，如油爆肚头、汤爆肚头。用牛重瓣胃制作的有发丝牛百叶、毛肚火锅等。猪肚除肚头可以直接用生肚头制作菜肴外，其他部位一般要先煮熟，然后再用白熟肚制作菜肴。

4. 肠的特点

肠在烹调中以大肠应用较多。肠在菜肴中主要作主料使用，一般刀工成形为段。常用的烹调方法是烧、清炸等。用肠可制作很多菜肴，如九转大肠、红烧大肠、清炸大肠等。肠腥臭味最重，一定要洗涤干净，去尽秽味。除卤、酱外，生肠一般不能直接应用，一定要先煮熟，然后再制作菜肴。

5. 肺的特点

肺由肺泡组成，质地柔软如海绵。肺的毛细血管较多，所以在处理时一定要灌水轻拍洗干净。猪肺又称"玛瑙""肺叶"。肺在烹调中也多为主料，刀工成形一般是块状。常用的烹调方法是酱、煮，也可做汤，可制作玛瑙海参、奶汤银肺、酱猪肺等。

6. 心的特点

心又称灵台，由心肌组成，质地脆嫩。心在烹调中多作为主料，刀工成形多为片状。常用来制作的菜肴如酱猪心、炒猪心等。

7. 杂料的特点

家畜的头、耳、脑（又称天花）、舌（又称口条）、脊髓、血、皮、蹄、鞭、尾等杂料各具特色，均可制成菜肴，如豆渣猪头、扒烧整猪头、凉拌顺风、白扒天花、汆黄管脊髓、酱猪口条、酱猪蹄、酱羊蹄、红烧牛鞭、砂锅羊头等。

第2节 家禽的品种、特点及各类蛋品的特点

一、鸡

鸡大致可分为童子鸡、成年鸡、老鸡等。童子鸡一般生长三四个月，重 500～750 g，其肉质最嫩，但出肉少，适宜带骨制作菜肴，如炸八块、油淋仔鸡等。童子鸡胸骨软，肉质嫩，脂肪少，嘴尖软，爪趾平，爪上鳞片细嫩。成年鸡生长期一般为 1～2 年，肉质较嫩，可供剔肉，加工成丁、丝、片、块等状，也可整鸡烹制。成年鸡适宜于炒、爆、扒、蒸等多种烹调方法。成年鸡羽毛丰满，胸骨和嘴尖稍硬，后爪趾稍长，羽毛管发硬，爪上鳞稍粗糙。老鸡一般指生长期为 2 年以上的鸡，肉质较老，适宜小火长时间加热的烹调方法，如炖、焖、酱等。老母鸡是制汤的最佳原料。

鸡在烹调中一般作为主料使用。它适宜于块、片、丁、丝、蓉等多种刀工成形，也适宜于各种烹调方法，如炖、烧、酱、黄焖、爆、炒、炸等，可以制成众多菜肴，如四川的宫保鸡丁，广东的白切鸡，盐焗鸡，山东的奶汤鸡脯、德州扒鸡，江苏的清炖狼山鸡，浙江的叫花鸡，云南的汽锅鸡，江西的三杯鸡，海南的白切文昌鸡等。

鸡的内脏也可制成多种菜肴。鸡肫与猪肚头称为"双脆"，可制作名菜油爆双脆、汤爆双脆。鸡翅又称"凤翼"，鸡爪又称"凤爪"，可制作黄焖凤翼、OK 凤爪等菜肴。

1. 肉用鸡

肉用鸡因生长周期短，肉质特别嫩，一般都去骨取肉，切成丁、片炒爆成菜，或是带骨取腿。肉用鸡味淡，不鲜，肉质无弹性，且有时还因其以鱼粉等为饲料，肉中杂有较重的腥味，故肉用鸡做菜一般要以较浓的调料味来掩盖其自身的不足。比如 AA 鸡，是进口鸡种，工业化生产的肉用鸡，生长周期极短，2 个月即能长到 2.5～3 kg，但肉质较差，饭店多用来做炸菜。

2. 浦东鸡

浦东鸡原产于上海川沙、奉贤、南汇一带，体躯高大，肌肉丰满，肉质肥美，但成熟较迟。

公鸡背上的羽毛为红黄色，腹下的羽毛为黑红色，尾羽黑色，体重 4～5 kg；母鸡的羽毛尖部呈浅棕色，其他部分均为淡黄色，体重 3～3.5 kg，平均年产蛋约 150 个，每个蛋重约 60 g。

3. 三黄鸡

三黄鸡是一种杂交鸡，特别是毛、皮、爪均为黄色，生长周期较短。但由于鸡种、饲料、饲养方式（散养、圈养）的不同，鸡的质量也不尽相同，上海郊县多有生产。这种鸡一般多用于制作白斩鸡。

4. 寿光鸡

寿光鸡原产于山东寿光，体形较大，肉质肥美，蛋比较大。此鸡适应性强，羽毛以黑色居多，其次是褐色、单冠、腿长、体高，有少量的绒毛。成年公鸡体重 3.5～4 kg，母鸡 3 kg 左右。母鸡年产蛋量 100～130 个，蛋重平均为 65 g，寿光鸡的成熟期较长。

5. 狼山鸡

狼山鸡原产于江苏南通，分黑、白两种，现白色的已不多见。纯黑色的羽毛上有紫金色光泽，皮肤为灰色或白色，单冠、尾高、胸挺，体态雄伟。此鸡成熟期较长，一般为 8～10 个月，成年公鸡体重为 3.5～4 kg，母鸡就巢性强，善于育雏，平均年产蛋量 100～150 个。

6. 萧山鸡

萧山鸡原产于浙江萧山，毛色淡黄，颈部黄、黑相间，肉质较为肥美，公鸡体重 3.5 kg 左右，母鸡体重 2.5～3 kg。

7. 乌鸡

乌鸡又称"乌骨鸡"，因乌皮、乌骨、乌肉，内脏、脂肪均为黑色而得名。乌鸡原产江西省泰和县，故也称"泰和鸡"。该鸡全身羽毛雪白，反卷成丝状，体小，雄鸡重 1～1.25 kg，雌鸡重 0.75 kg。乌鸡是著名的药用鸡。

二、鸭

鸭在烹调中一般用烤、蒸等烹调方法制作，且整只制作较多，在宴席中作大件使用，如三套鸭、虫草鸭、樟茶鸭、盐水鸭，以及闻名世界的北京烤鸭。鸭子的内脏如肝、肫、心、舌、血等皆可作为主料制作菜肴。如以质地脆韧的鸭肫制作的油爆菊花肫，以细嫩的鸭肝制作的黄焖鸭肝，以嫩脆的鸭蹼制作的白扒鸭掌、芥末鸭掌等。

1. 北京填鸭

北京填鸭又名油鸭和白鸭，其特征是：初生小鸭全身黄色，长大后羽毛变为雪白色，嘴和脚变为浅黄色，翅膀短，背长而宽，胸部发达，腿短，显得很强壮。此鸭的肌肉与一般鸭不同，肌肉的纤维间夹杂着白色脂肪，红白相间，细腻鲜亮，多用于烧烤。

2. 麻鸭

麻鸭毛为麻褐色，带少许黑斑，呈麻雀毛样，故称麻鸭。麻鸭不仅是优良的肉用鸭，

而且也是优良的蛋用鸭，年产蛋 200～300 个，体较轻，一般为 1.5～2 kg，但肉质肥嫩。

3. 娄门鸭

娄门鸭即绵鸭，产于江苏苏州地区，体形大，头大喙宽，颈较细长，胸部丰满，羽毛紧密，呈棕灰色，细芦花毛，母鸭体羽为麻雀毛样，眼睑上方有新月形的灰白羽毛，脚呈橘红色，爪黑色，体重 3.5～4 kg，是良好的肉用型鸭。

4. 番鸭

番鸭又称洋鸭、瘤头鸭，原产于南美洲和中美洲地区，现我国亦有饲养。其体躯前尖后窄，呈长椭圆形，头大颈细，喙短狭，基部和眼圈有不规则的红色或黑色肉瘤。公鸭羽毛丰富美艳，带有金属光泽。番鸭有纯黑、纯白或杂色数种，较一般鸭喜飞，生长迅速，个体最大者可达 5 kg 以上，成年期为 7 个月。其肉呈红色，细嫩鲜美，无腥味，皮下脂肪发达，为肉用型鸭。

三、鹅

中国鹅是一个悠久的品种，在我国分布极广，现世界各地饲养也很普遍。其外形特征是：前额有一很大的肉瘤，颈长，胸部发达，腿较高，毛色有白和灰两种。白色鹅的喙和趾呈黄色，灰色鹅的喙和趾呈黑色。成年鹅体重约 4～5 kg。

鹅与鸡、鸭相比肉质较粗，且有腥味，作为烹饪原料其应用也不如鸡、鸭广泛。但鹅在我国南方应用较多。鹅主要是用烤、酱、卤、炖、焖等小火长时间加热的烹调方法，如广东烧鹅、苏州糟鹅、扬州盐水鹅等。鹅的内脏如肠、肝、肫、舌、血等均可制作菜肴，如酱鹅胗、卤鹅肠等，特别是鹅肝呈姜黄色，质地细嫩，营养丰富，味道鲜美。

1. 狮头鹅

狮头鹅原产于广东，体形较大，成年公鹅体重 10～15 kg，母鹅 9～12 kg。狮头鹅前额肉瘤很发达，且向前呈扁平状，皮肤松软，两颊也有肉瘤，嘴下有肉垂，多呈三角形，头部正面像狮头，因而得名。由于原产地气候温和，四季常青，饲料充足，故生长快，成熟早，肉质优良，出肉率高。

2. 太湖鹅

太湖鹅产于江苏南部地区，体质强健结实，外貌酷似天鹅，头较大，喙和基部有一个大而凸出的球形肉瘤，颈长，弯曲成弓形，胸部发达，腿长，尾向上，属小型鹅，体重一般有 3.5～4 kg。

3. 舟山鹅

舟山鹅产于浙江宁波、舟山、奉化一带，全身羽毛为纯白色，大鹅喙的基部有一个大而凸出呈球形的肉瘤，胸部发达，腿高，生长迅速，成熟期为 3～4 个月，体重可达 5～6 kg。

四、鹌鹑

鹌鹑简称鹑，又叫赤喉鹑、红面鹌鹑，体形像小鸡，头小尾短，我国食用鹌鹑自古有之。鹌鹑有野生与家养两种，现饮食业所用的大部分为家养。鹌鹑具有生长快、产蛋多、繁殖率高的特点，所以经济效益高。成年鹌鹑体长 15 cm 左右，体重 200～250 g，肥美而香，肉质细嫩，肌纤维短，比其他家禽更为鲜美可口、富有营养。鹌鹑多用于整只制作菜肴，宜用烧、炸、炖、焖等多种烹调方法，可制作著名菜肴香酥鹌鹑等。

五、鸽

鸽子有家鸽和野生鸽之分，现餐饮业绝大多数用家鸽。鸽子的品种很多，按用途可分为肉用鸽、观赏鸽。肉用鸽也称菜鸽，体形大，生长快，繁殖力强，肉质好。著名品种如广东石岐鸽，一般重 600～800 g；英国大白王鸽、美国银王鸽一般重 700～1 000 g，其中美国银王鸽体形大，据资料记载，最重可达 3.2 kg。鸽肉较鸡肉、鸭肉更为鲜美。

鸽肉适宜于炖、蒸、煨、扒、炸、炒等多种烹调方法，可作冷菜、热炒菜，也可用于火锅等。著名菜品有玫瑰酒焗乳鸽、柱侯乳鸽、蒜泥鸽片、红油全鸽、炒鸽松、云腿鸽子汤等菜。肉用鸽的最佳食用期在出壳后 25 天左右，此时又称乳鸽，肉质尤为细嫩，属高档烹饪原料。

六、火鸡

火鸡学名吐绶鸡，原产北美，现世界上很多国家均有养殖。火鸡躯体高大，尤以胸肌和腿肌发达，背部宽长，头部和颈部没有羽毛。火鸡头上有一呈珊瑚状的皮瘤，并且雄性比雌性发达。

在我国火鸡过去是作为观赏鸟类，现已开始食用。火鸡的品种较少，以古铜色和白色荷兰火鸡较多。火鸡肉质较老，口感清淡，营养丰富，出肉率达 80%，是较好的肉用禽之一。火鸡肉适合烤、炸、熘、爆、炒、烹、炖、烧等多种烹调方法，也适宜多种刀工成形，可制作多种口味的菜肴，如干烧火鸡条、炸火鸡排、纸包火鸡、姜芽炒火鸡丝等。

七、各类蛋品的特点

1. 鸡蛋

鸡蛋在烹调中应用较广，可单独烹制，也可做成汤菜、上浆挂糊或做高档菜肴的装饰等。

2. 鸽蛋

鸽蛋可以烹制高级菜肴，是筵席中的名贵原料。鸽蛋有祛寒、补血、益气的功能，但产量不多。

3. 鹌鹑蛋

鹌鹑蛋产量不多，有祛寒、补血、益气的功能，烹调中除单独为菜，常用来替代鸽蛋或用来点缀装饰菜肴。

4. 鸭蛋

鸭蛋比鸡蛋略大，呈椭圆形，含有薄荷酸、脂肪、蛋白质等营养成分，可做松花蛋或腌制咸蛋。

5. 鹅蛋

鹅蛋个大、产量不多，质量不如鸡蛋，应用不太广，一般用来腌制。

第3节 水产原料的品种及特点

我国有着广阔的海洋渔场和众多的湖河水产资源，从南到北横跨多种气候带，适合多种鱼类生长。从目前资料来看，海产鱼类有 1 600 多种，已捕捞的有 200 多种，属于渔业主要对象的约 50 种，淡水鱼常用的有几十种。

水产品按生物学分类可分为鱼类、甲壳动物类、软体动物类、爬行动物类、腔肠动物类、棘皮动物类、海藻类七大类。

一、海产鱼类

1. 小黄鱼

小黄鱼俗称小鲜，又名黄花鱼、小黄花。其主要产区为浙江以北沿海区域。

小黄鱼头较大，鳞也大，色泽与大黄鱼相同，属底层群居洄游鱼类，具有生长快、成熟早、繁殖率高的特点，体长一般为 16～25 cm，肉质鲜嫩，呈蒜瓣状，刺少，肉多，肉易离刺，烹制适用于蒸、烧、熘、炸等方法。

2. 大黄鱼

大黄鱼俗称大鲜，又名为大王鱼、宁波黄鱼等，主要产区为东海和南海，北起长江口，南至雷州半岛湛江外海，以广东南澳岛和浙江的舟山群岛产量为最多。大黄鱼多整条做菜，炸、熘、烧、炒、煮皆可。

3. 带鱼

带鱼又名白带鱼、裙带鱼、鳞刀鱼。带鱼主要产区为山东、浙江、河北、福建和广东沿海。带鱼体细长而侧扁，呈带状，体表呈光亮的银灰色，无鳞片，头窄长，口大，牙尖，眼大位高，体长一般为 60～120 cm，其中东海带鱼体形偏小。带鱼属肉食性鱼类，贪食，游动迅速，常伤害其他鱼类。带鱼适宜红烧、干炸、烹、煎、清蒸等。

4. 鲥鱼

鲥鱼又称鲦鱼、火鱼、白鳞鱼等，我国沿海北起渤海，南至广东均出产，主要产地为渤海，秦皇岛的产量既多质量又好。鲥鱼体长而宽，身侧扁，体色为闪光银白色，属暖水性中上层鱼类，生殖季节集群游向近海，较易捕获，是我国主要经济鱼类之一。其刺多，肉细嫩，味醇香，鳞下脂肪很多，为腌制咸鱼的重要原料。新鲜鲥鱼用来清蒸最好，也可氽汤、干烧、红烧、酱汁。

5. 银鲳

银鲳又名鲳鱼、镜鱼、鲳鳊鱼、白鲳，北方又叫平鱼。银鲳在我国沿海各地均有出产。银鲳鱼身呈扁圆形，体长一般在 20～32 cm，银灰色，头小嘴圆，牙细，成鱼腹鳍消失，属暖水性中上层鱼类，平时分散栖息于潮流缓慢的近海，生殖季节集群游向近岸及河口附近，以甲壳类等为食。银鲳有小细鳞，肉细，刺少，味醇厚。此鱼的内脏最少，1～1.5 kg 的银鲳，肠子只有 100 g 左右，头部小，肉多。银鲳适宜红烧、干烧、清蒸、烟熏等。

6. 海鳗

海鳗又名牙鱼、狼牙鳝。海鳗体长而圆，一般长 35～45 cm，大者可达 1 m 以上，属凶猛性鱼类，背侧灰褐色，下方白色，背鳍和臀鳍延长，与尾鳍相连，无腹鳍，鳞细小，埋在皮肤下。母鱼于秋季入深海产卵，幼鱼呈柳叶状，透明，进入浅海中成长。海鳗分布于朝鲜、日本以及我国辽宁、山东、浙江、福建、广东等沿海，以东海为主，肉质细嫩，富含脂肪，为上等食用鱼类之一。新鲜海鳗最适于清蒸、清炖等，也可红烧、炒或制作鱼丸，鱼鳔可干制成鱼肚。

7. 鲈鱼

鲈鱼又名花鲈、板鲈。鲈鱼为名贵鱼类，有黑、白两种，白色叫鲈板鱼，黑紫的叫敏子鱼，产于黄海、渤海等水域。鲈鱼体长圆形，青灰色，有黑色斑点，随年龄增大而减少，嘴大、背厚、鳞小、肚小、色白、肉多、刺少，其味鲜美。普通的鲈鱼重 1.5～2.5 kg，也有 5 kg 左右的，大的鲈鱼可达 25 kg 以上。鲈鱼适于红烧、清蒸，也可制作鱼丸。

8. 鲵鱼

鲵鱼又名鳖鱼，我国沿海均产，东海、黄海交界处最佳。鲵鱼体长一般为45～55 cm，大者可达80 cm，体侧为暗棕色，腹部为灰白色，有鳞，肉质细嫩，适于清蒸、醋熘、红烧、熏制等方法，鱼鳔可干制成鱼肚。大鱼肚尤其名贵。

9. 真鲷

真鲷也称加吉鱼、铜盆鱼，我国沿海均产，一般重0.5～1 kg，5 kg的也有。真鲷体呈椭圆形，头大，口小，长达50 cm以上，全身为淡红色，尾鳍后缘呈黑色，上、下颌前部呈圆锥形，背鳍和臀鳍的上部呈破刺形状，栖息于沙砾海底，主食贝类和甲壳类。其肉细嫩、味鲜，可红烧、干烧、酱汁、炖、烤、清蒸、汆汤等。

10. 鳕鱼

鳕鱼又名大头青、大口鱼、大头鱼，只产于黄海和东海北部。其体长形，头大，鳞很小，体背侧呈黄褐色，有许多小黑斑，腹侧呈灰白色，体长一般20～70 cm，体重0.5 kg左右，大者可达4 kg，属冷水性底层鱼类，生产旺季为1—2月份，4—8月份也有。烹调方法适宜红烧，也可干制蒸食。鳕鱼的肉、骨、肝均可药用。

11. 牙鲆鱼

牙鲆鱼又名比目鱼、左口鱼。牙鲆鱼在我国沿海均产，以黄海、渤海产的量多质优。牙鲆鱼体形扁平，口大，眼睛生在一侧，有眼的一侧呈灰褐色或深褐色，有黑色斑点，无眼的一侧为白色，全身只生一根大刺，鳞片小，肉质细嫩，味美。牙鲆鱼红烧、汆、干烧、清蒸、做刺身均可。

12. 半滑舌鳎

半滑舌鳎又名鳎鱼，我国沿海均有出产。半滑舌鳎头短，两眼小，均在右侧，鳞小，一般体长25～40 cm，肉紧，味鲜醇厚，是上等名贵海鱼，适宜采用炸、红烧、蒸等烹调方法，也可干制。

13. 马面鱼

马面鱼俗称橡皮鱼、剥皮鱼，又名绿鳍马面鱼。鱼体呈长椭圆形，体侧扁，一般长约20～25 cm，体呈黑色，体侧具有不规则斑块，为暖湿性近海底层鱼类，主要分布在我国东海、黄海、渤海。马面鱼食用时需要剥皮加工，利用率较低，肉灰暗，呈蒜瓣状，微腥，可红烧、干烧，也可以加工成鱼片、鱼丁，以供烹调。

14. 石斑鱼

石斑鱼是暖水性的大中型海产鱼类，主要产于东海和南海，特别是北部湾及广东沿海。体中长侧扁，其色彩变异很多，常呈褐色或红色，并有条纹和斑点，体覆被栉鳞，口大，牙细尖，有的扩大成犬牙，第一背鳍和臀鳍都有硬棘。石斑鱼是一个大家族，在我国南方种类颇多，常见的有红点石斑鱼、青石斑鱼和网石斑鱼；高档的有东星斑、老鼠斑等。石斑鱼肉质较嫩，味道鲜美，适用于多种烹调方法，如清蒸、红烧等。

15. 银鱼

银鱼也称面丈鱼、面条鱼等，体细长，透明，头平扁，口大，两颌和口盖常具锐牙。背鳍和脂鳍各一个，体光滑，雄鱼臀鳍上方具有一纵行扩大鳞片，栖息于近海、河口或淡水处。

银鱼肉质嫩软，几乎无骨，味鲜美，可食率达100%，适宜于炸、炒、涮、汆汤等多种烹调方法及多种味型，但多以突出其本身清鲜味的咸鲜味较多。其因体形较小可整鱼制作，不需要刀工成形，可制成名菜雪丽银鱼、干炸银鱼、银鱼蛋汤等。银鱼也可制作鱼干。

16. 老虎鱼

老虎鱼简称虎鱼，属鲉科，种类很多，常见的是一种日本鬼"鲉"。它的背上有数根尖刺，带有剧毒。人如果被刺中，轻者肿麻，重者抽搐乃至夺命，尖刺中尤其是后面的刺毒性最强。老虎鱼外形狰狞，表皮呈泥黑色，疙疙瘩瘩，嘴大而眼凸，胸鳍颇长而大。加工老虎鱼有些讲究，可手执鱼嘴，剪去毒刺，开膛去脏即可。如果用于清蒸，可直接加调料加热，也可将皮剥掉用于油浸。老虎鱼肉质极美，集鲜甜嫩滑于一身。

17. 鲨鱼

鲨鱼品种很多，大的数十吨，小的几千克。平时做菜用鲨鱼体重一般不超过5kg，过大肉粗不堪食。鲨鱼做菜先要褪沙，可用开水烫，或是去皮取肉。鲨鱼肉质地粗糙有韧性，腥味较重，通常切块入馔，要重用葱、姜、酒或醋、胡椒，经焖烧或取肉烩汆，口感较好。

18. 墨鱼

墨鱼又名乌贼、墨斗鱼，属于软体动物，分布很广，中国、朝鲜、日本及欧洲各地都有出产。我国以舟山群岛出产最多。每年南海2—3月份、东海4—6月份、黄海6—7月份、渤海10—11月份为上市旺季。

墨鱼头前端有8根须，另有两根较长的触手。其体呈长圆形，灰白色，背肉中夹有一块背骨（即海螵蛸），雄的墨鱼背宽，有花点；雌的裙边小，背上发黑。普通的3只500g，大的每只1kg左右，肉味脆嫩，主要用于爆炒、焖烧、卤制。

19. 鱿鱼

鱿鱼又名枪乌贼。鱿鱼呈长三角形，身体滚圆，肉鳍较宽，形似墨鱼而较长。色淡紫红或深紫红。鱿鱼以广东、福建出产量最高，上市期为5—9月份。鱿鱼烹调方法与墨鱼相同，还可做成刺身生食。制成干品即为鱿鱼干，为干货原料中的佳品。

20. 八爪鱼

八爪鱼体短，呈卵圆形，无鳍，头上生八腕，我国南北沿海均产。八爪鱼种类很多，常见的有短蛸（体长 15～27 cm），真蛸（体长 50 cm，胴体背上有明显的灰白质斑点），长蛸（体长 50～70 cm），身体粉红色，头狭眼小腕长。八爪鱼外形像乌贼的头，各爪部均有众多排列的吸盘，口在下部中央，鳄骨倒置，有如鸟类的喙部模样。八爪鱼可爆炒、卤等制菜。

21. 鲎

鲎又称鲎鱼，分类学上属节肢动物，其实与鱼类没有多大关系。它的外形颇为奇特：半圆形的硬甲将全身包围起来，尾部有一根长长的刺状物。鲎壳多肉少，宰杀大有讲究。其宰杀方法是：先在腹部割开，倾出米珠，然后刮壳取肉，最后将爪斩下。这期间一定要避免把肠子弄破，因肠有毒。鲎的米珠炒熟，其香无比，鲎肉与鸡蛋同蒸，非常鲜嫩，爪还可与豉椒同炒，味道鲜甜。

22. 青衣（绿衣）

青衣属猪齿鱼科，产于南海，全身色泽翠绿，发亮，似有荧光一般，腰间以上有一颗明显黑点。鱼身略似鲫鱼，脑部圆滑，嘴部有八颗向外伸的尖牙，上下各四，可以啮合。广东人称其为"哨牙仔"。青衣是所有带"衣"字的鱼中最名贵的，肉质异常鲜嫩，且鱼身拆肉率高。一般 500～1 000 g 的鱼可清蒸，大的可起肉滑炒。

绿衣与青衣相近，绿色略淡于青衣，肉质也不及青衣，此外，还有色黄的黄衣和色蓝的蓝衣。

二、淡水鱼类

1. 刀鱼

刀鱼产于长江中下游以及珠江一带，为名贵的洄游鱼类。刀鱼形状像一把刀，体长而平扁，背部青灰色，侧部和腹部为银灰色，臀鳍和尾鳍连在一起，胸鳍上有五条须，眼小不明显，鳞片小，刺细软，皮层富含脂肪，肉味鲜美。清明前刺软，清明后刺骨渐硬。刀鱼清蒸、煎、烧均可。

2. 鮰鱼

鮰鱼也称江团、白吉，是名贵的洄游鱼类，产于长江。鱼体修长，前部扁平，腹圆，后身渐细，大者可达 1 m 以上，背灰腹白，体表无鳞，吻圆实，须四对，眼小，肉细软嫩，鲜美肥润，富含脂肪、胶原蛋白质，鱼鳔肥厚，可作鱼肚，入馔可作白汁、红烧等。

3. 鲥鱼

鲥鱼分布于我国东海和南海，每年初夏端午节前后是繁殖季节，溯河进入长江、钱塘江和珠江。鲥鱼形似鲳鱼，体侧扁，口大无牙，头部尖齐，头及背灰绿黑色，鳞片大而薄，上有细纹，体侧为银灰色。鳞片下有丰富的脂肪，烹制时脂肪溶化入肉，更增添鱼肉的鲜嫩滋味。

鲥鱼肉白而细嫩，肉质坚实，刺多而软，为我国名贵鱼类，普通的重 1 kg 左右，大的可达 2.5～3 kg。一般以鳃帮发亮的为好，发黄的较差，变质时肉质发红。鲥鱼以清蒸为好，也可红烧。

4. 鳜鱼

鳜鱼也称桂鱼、季花鱼，是一种名贵的鱼，主要产于我国南方的淡水湖中，湖北、湖南最多。鳜鱼口大头尖，身长而扁圆，长 20～40 cm，体为青果绿色而带金属光泽，身上有不规则的花黑斑点，鳞细小，刺细，肉紧细嫩，味鲜美。鳜鱼适于红烧、干烧、清蒸、炸、熘等。

5. 白丝鱼

白丝鱼又名白鱼、翘嘴白，产于我国各地内河水域，体细长扁薄而呈柳叶形，长 25～40 cm，口在下位，下颌凸出往上翘，细鳞银白，为上等淡水鱼类品种。其肉质细嫩，刺多，味极鲜，宜于清蒸、烟熏、红烧、做鱼丸等方法烹制。

6. 鲤鱼

鲤鱼俗称鲤拐，我国四大饲养鱼类之一。鲤鱼体侧扁，上颌两侧和嘴各有触须一对，鳞片大而圆且紧，刺硬，背部苍黑，腹部青白色。按生长地域可分为河鲤鱼、江鲤鱼、池鲤鱼。河鲤鱼色黄，带有金属光泽，鳞白色，尾红，肉嫩，味鲜。江鲤鱼鳞片和肉为白色，肉质仅次于河鲤鱼。池鲤鱼青黑鳞，刺硬，有泥土味，但肉质细嫩。鲤鱼的吃法很多，整条烧、糖醋熘或加工成块、条、丁烹制均可。

7. 鲫鱼

鲫鱼又称鲋，是我国各地常见鱼。鲫鱼体侧扁、宽而高，腹部圆，头小，吻钝，鳞大，体呈银灰色，也有金黄色的，嘴上无须，刺多，肉嫩，味美，为上等淡水鱼类之一。民间认为妇女哺乳期间食用可发奶。鲫鱼红烧、炖汤、清蒸均可。

8. 草鱼

草鱼又名草根鱼，体呈亚圆筒形，青白色，头宽平，口端位，无须，背侧呈草黄色，腹部灰白，我国南北方均产。草鱼肉白色、细嫩、有弹性、多刺、味美。草鱼可红烧、醋熘，也可加工成鱼片烹制。

9. 青鱼

青鱼又名乌青、螺蛳青、黑鲩，全国各地江、湖、池塘、水库均产，是我国四大饲养鱼类之一。青鱼体长略侧扁，腹部圆，头较扁平，无触须，体色很浓，背部青黑，腹部白色。其肉质紧实细嫩，出肉率高，属淡水鱼中上品，烹调方法宜于红烧、干烧、炒、炸、熘等。

10. 鳙鱼

鳙鱼又名胖头鱼，为我国四大饲养鱼类之一。鳙鱼头部约占全身 1/3，肚宽背厚，体色较深，背部黑褐色，两侧有黑色斑纹，腹部灰白色。其肉白细嫩，刺细而多，味美，红烧、干烧、炖、清蒸均可，尤以鱼头做菜最为出名，如粉皮大鱼头、剁椒鱼头等。

11. 鲢鱼

鲢鱼又名白鲢鱼、鲢子鱼，为我国四大淡水饲养鱼之一，多产于长江以南的淡水湖中。鲢鱼身体长扁，头较大，眼偏下，鳞片细小，体色银白，刺多。鲢鱼肉软嫩，含水量高，易变质，宜红烧或醋熘。

12. 鳊鱼

鳊鱼又名长春鳊、边鱼，体形侧扁，头尖小，长 20～30 cm，背部隆起，腹部后面有肉棱、鳞子，体呈银灰色。此鱼生长迅速，是食草性鱼类，分布遍及全国。武汉所产团头鲂又名武昌鱼，也为鳊鱼之一种，知名度很高。其肉细嫩鲜美，营养丰富，是淡水鱼上等品种。鳊鱼宜清蒸、红烧、干烧等。

13. 黑鱼

黑鱼也称鳢，又名乌鳢、生鱼。黑鱼产于淡水湖或河中，我国南北均产。其体修长，呈亚圆筒形，大的长达 50 cm 以上，青褐色，头部上下扁平，尾巴左右侧扁，有三纵行黑色斑块，眼后至鳃孔有两条黑色横带，口大、牙尖、眼小，背鳍和臀鳍均较一般鱼长，尾鳍呈圆形。

黑鱼常在水底栖息，适应性强，对不良水质、水温及缺氧具有很强的抵抗力，性凶猛，以虾类及其他鱼类为食。黑鱼肉肥味美，皮厚，适宜起肉制鱼片、鱼丝、鱼丁用于滑炒等，也可整条烧、熬汤。

14. 鳗鲡

鳗鲡又名河鳗、白鳝，主要产于长江口沿岸一带江河流域，现有人工饲养。其体细长，长约 30～60 cm，前身圆筒形，后身侧扁形，表皮光滑，背为暗绿色，腹为白色。其肉细嫩、肥润，蛋白质和脂肪含量很高，是我国高级的江河性洄游鱼类之一，可蒸、炖、红烧、滑炒等。

15. 罗非鱼

罗非鱼又称非洲鲫鱼、红尾鲫鱼，原产非洲莫桑比克，现我国各地已饲养，其繁殖力强，生长较快，当年即可成熟，产量高，以秋、冬季产的为佳。罗非鱼体长一般在 20 cm 左右，扁平，头短而高，口大、唇厚、吻圆，鳞大，体灰黑色，背鳍尖利，尾鳍略圆，肉较嫩，味鲜美，但有土腥味，适宜余汤、红烧。

16. 虹鳟鱼

虹鳟鱼又称鳟鱼，体长，侧扁，色鲜艳，背面和鳍为暗绿或褐色，有小黑斑，中央有一红色纵带，原产美国加利福尼亚的山溪中，属凶猛性鲑科鱼类。虹鳟鱼肉质厚实，营养丰富，刺少肉多，不论冷食还是热食皆无腥味，烹调后味似鸡肉，有"水中之鸡"的美誉，最适宜清蒸、红烧等烹调方法。

17. 黄颡鱼

黄颡鱼又名昂丝鱼。鱼体长，左右侧扁，吻钝圆，有四对触须，可摩擦发声。背上有一硬刺，有毒。身体滑腻无鳞，体黄色，带有黑色斑块。黄颡鱼分布很广，我国各地江湖河中均产。该鱼肉多刺少，味道鲜美，烹调以煮汤较多。

18. 塘鳢鱼

塘鳢鱼又称痴虎鱼、土步鱼，生长于池塘、河湖中。其体粗大，前部呈圆筒形，后部侧扁，体长大于 15 cm；头部大，稍扁平，且较躯体润；口上位，口裂宽大，下颌长于上颌，上下颌都有细齿；眼小，眼间隔凹入；胸鳍大，尾鳍圆形；背部黑褐色，腹部淡黄色。春季菜花盛开时最肥美，颊肉丰满细嫩，可单独做菜。整鱼可烧、煮汤等。

19. 大马哈鱼

大马哈鱼又称三文鱼，是我国东北著名特产之一，属洄游鱼类，主要产于松花江上游和乌苏里江。市场上常见的三文鱼，也有产于挪威、美国阿拉斯加等地的。这种鱼耐寒性强，体重大的可达 10 kg 左右。鱼体长，侧扁，口大，眼小，鱼体肥壮，有各种鳍。背灰黑色，肚白色，两侧线是平行的，肉质紧而弹性强，味鲜。多做刺身，也可烧、炖、清蒸、酱、熏或腌。鱼子叫"红鱼子"，可做鱼子酱，为海味珍品。

三、虾蟹类

1. 对虾

对虾又名明虾，主要产于渤海湾及黄海。对虾体长 16～23 cm，通常按对计算，每两只为一对，故名对虾。其鲜品外壳呈青色，以皮亮、身硬、头爪整齐、须长者为上品。雌虾比雄虾稍大。未成熟的对虾就是虾线。一般 5 只虾重达 0.5 kg 以上者为对虾，低于此者为虾线。对虾春季最为肥美，食用可以盐水煮、干烧、红烧等，也可剥出虾仁炒。

2. 龙虾

龙虾品种很多，可分中国龙虾、澳洲龙虾、日本龙虾、波纹龙虾、杂色龙虾、密毛龙虾、少刺龙虾、长足龙虾等。中国龙虾分布于我国东海、南海等海域，尤以广东、福建、浙江较多，夏秋汛期为旺季。体长约 30 cm，呈圆柱形而略扁，腹部较短，头胸甲壳坚硬多刺,体橄榄色并带白色小点。市场有澳洲龙虾,体形更大。龙虾肉多味鲜,适宜于做刺身或起肉滑炒、黄油焗等制作方法。

3. 晃虾

晃虾又叫白虾、迎春虾,产于我国沿海等地,以渤海产为多,盛产期在立春前后。体长一般为 5～9 cm,外壳呈白色且透明,身略弯曲,肉红、子黄、味鲜质嫩,适宜盐水煮。

4. 青虾

青虾又名大青虾,主要产于淡水河、湖和池塘等水域。青虾体长约 4～8 cm,壳较白虾硬而厚,全身均呈淡青色,头有须,胸前有一对螯足,两眼凸出,尾叉形。肉嫩味鲜美,可以炸、盐水煮、醉、炝,也可以剥出虾仁炒。

5. 白条虾

白条虾又名太湖白虾,产于湖、河淡水中,以太湖产较有名,夏季出产。白条虾须短,壳薄而软,色白明亮,肉白质嫩味极鲜,适宜醉炝、盐水煮、炒、蒸等。

6. 虾蛄

虾蛄又称赖尿虾、虾爬子等,体扁,长约 15 cm。头胸甲小,胸部后四节外露。第二对胸肢特大,很像螳螂的前足,穴居泥沙质浅海,我国沿海均产。虾蛄肉质鲜甜嫩滑,以春季卵成熟为块状时最佳,可制作盐水虾爬等菜肴。

7. 基围虾

基围虾是一种人工养殖的虾,主要产于福建、广东和上海奉贤。但是,同为养殖虾,因品种不同,质地也不完全相同,一般以福建所产质量最好。养殖虾一般在滩涂上圈地,以一半海水一半淡水饲养,基围虾之名亦源于此。常见基围虾有两种,一种壳色有横向斑纹,熟后鲜红的壳中有白色条纹,也称斑节虾,壳薄肉嫩,形体不大;另一种称为草虾,壳比斑节虾厚,个体也较大,肉味鲜甜。基围虾的生命力比较强,一般充氧气后装袋 1～2 天不会死亡;在鱼缸里只要咸度适宜,能生存较长时间,故基围虾常被空运到许多地方。

用基围虾做菜,最常见的是放在开水锅里一焯即起,跟一调料做成白灼基围虾。基围虾剥肉做成炒虾仁,较之一般河虾仁、海虾仁的个头更大,肉质非常嫩。

8. 沼虾

沼虾是一种淡水虾,因生活在沼泽、水草之间,故称沼虾。每年 8—9 月份为上市旺季,我国南北方很多地方均产。最近,养殖户引进台湾种沼虾,又称罗氏沼虾,头较大,占整体 2/5。

沼虾壳比基围虾的颜色更深一些,也比基围虾厚,肉质紧实富有弹性,鲜味较佳。沼虾的制馔方法与基围虾基本相同。

9. 小龙虾

小龙虾是存活于淡水中一种像龙虾的甲壳类动物，学名克氏原螯虾，也叫红螯虾或者淡水小龙虾。小龙虾因其杂食性、生长速度快、适应能力强，近年来在我国已经成为重要的经济养殖品种。小龙虾整个身体由头胸和腹部共20节组成，有两个大螯，体表具有坚硬的甲壳。小龙虾性成熟个体呈暗红色或深红色，未成熟个体呈淡褐色、黄褐色、红褐色不等，有时还见蓝色。小龙虾常见个体全长4~12 cm，烹调以整个入馔，加重口味香辣调料为多。

10. 螃蟹

螃蟹学名称中华绒螯蟹，形小的又称毛蟹，为淡水蟹品种。根据产地分江蟹、河蟹、湖蟹三种，一般以中秋节前后为盛产期。

螃蟹扁圆形，甲壳，有螯足一对，上长密密绒毛，腹脐白色，背壳青黑色，肉质肥润。雌蟹有色黄软黏略硬的蟹黄，雄蟹有白色黏凝的蟹膏，为蟹的卵巢和精囊，味美而营养丰富。蟹肉较难消化，一次不宜多食，适宜蒸、醉等制法，也可出肉加工，做炒、烩、烧之用。

11. 梭子蟹

梭子蟹学名三疣梭子蟹，我国沿海均产，以渤海湾所产最著名。梭子蟹壳厚扁平，体呈青灰色，头部有一对大螯足，另有四对小足，头胸表面有3个高低不平的瘤状物，身为梭状，故称为三疣梭子蟹。有的梭子蟹背壳有三个深色圆点，称为三点蟹，肉质与梭子蟹类似。每只重250~500 g。肉色白而鲜嫩，但不如河蟹味厚，其蟹黄也不如河蟹肥厚醇香，宜蒸制食用或斩块烧煮，也可加工出肉。

12. 红蟹

红蟹又称花蟹，产于粤东的汕尾、汕头及粤西的湛江、阳江等地，属梭子蟹的一种。这种蟹额角长有六刺，表面呈浅红和深红两种颜色，壳色深浅交错，形成类似十字架的花纹，故欧美信教者拒食。蟹脚上斑斑点点，无规则，以每只重0.5~1 kg者为上品，且雌蟹比雄蟹好。烹调时整只使用清蒸、蒜蓉蒸、梅子蒸，去壳斩块之后又可用椒盐、葱姜焗。

13. 青蟹（肉蟹、膏蟹）

青蟹较梭子蟹身短，壳呈椭圆形，双螯略短，粗壮有力，壳色呈青绿色，生长于滩涂。由于青蟹凶蛮，故捕捉到后皆用草绳缚扎。青蟹主要产于广东、浙江、福建、台湾等沿海地区。每年11—12月份上市。雌青蟹又叫膏蟹，雄青蟹称肉蟹。青蟹肉味堪与大闸蟹媲美，鲜嫩异常。青蟹烹调可原只蒸，也可葱姜焗，或起盖拆肉做成酿菜。

14. 皇帝蟹（帝皇蟹）

皇帝蟹以其身体特大而得名，一般每只皇帝蟹可达 1.5～7 kg 不等，膏多而肉滑爽，主产澳洲和北美。这种蟹的壳呈青褐色，三爪而三螯，爪长而螯不大，身上长满尖刺，外形略似蜘蛛，壳内膏脂色白，美味非凡，烹调多清蒸或斩块烧。

四、贝类

1. 蚝

蚝即牡蛎，又称海蛎。我国黄海、渤海至南沙群岛均产，盛产于广东、福建。蚝为海洋软体动物，有上下两壳，壳形不规则，大而厚重，上壳较小，下壳较大，附着在礁石及木、竹等物件上。福建沿海渔民多采用插竹、立石块和水泥棒养殖，年产量占全国总产量的 70% 以上。牡蛎肉质鲜美，营养价值高，早在古代就被列为海鲜上品。牡蛎除鲜食外，还可加工成蚝油。闽菜中用海蛎煎、炸蛎饼是传统的民间菜肴小吃，深受人们的喜爱。

2. 文蛤

文蛤又名花蛤，沿海各地全年均产，以清明前后为旺季。文蛤壳坚硬而厚，顶部凸出，白色，肉细嫩味鲜，为贝中上品，宜于氽、烩、蒸、炝等方法食用。

3. 毛蛤

毛蛤又名赤贝、麻蚶，分布于近海泥沙质的海底，主要产区为渤海湾及各地沿海。毛蛤长卵圆形，壳质坚硬，两壳不等，壳顶凸出，向内卷曲，表面有褐色绒毛状表皮，肉质肥大，以炒、烧方法食用为多。

4. 海螺

海螺又名红螺。海螺的贝壳边缘轮廓略呈四方形，大而坚厚，壳高达 10 cm 左右，螺层有 6 级，壳内为杏红色，有珍珠光泽。海螺生活于浅海底，产于我国北部沿海，东海嵊泗也常见，肉供食用，适宜烧、炒、爆、氽等制作方法。油爆海螺是青岛名菜之一。

5. 河蚌

河蚌属淡水贝类品种，多产于南方内陆河、湖中，以春天为出产旺季。河蚌体大而宽扁，壳硬较薄，呈黑色，肉淡黄色，味鲜，含水量高，烹调后失水率大，加工后宜于红烧、烩、炒等。

6. 青螺

青螺属淡水贝类品种，产于内陆水网地区的河、湖中，以南方太湖出产较多，春天为出产旺季。青螺体小尾尖，壳薄呈棕褐色，肉灰褐色，鲜嫩，可直接煮后取肉蘸调味品食用，也可出肉加工后以炒、炝等方法食用。

7. 贻贝

贻贝又称淡菜、壳菜、海红、青红等，壳为膨胀起的长三角形，壳顶向前，表面有轮形条纹，被覆有褐色壳皮，内面白色带有青紫，生活于澄清的浅海海底的岩石上。贻贝种类很多，我国沿海有30余种，其中经济价值较高的有10多种，如紫贻贝等。壳色为翠绿色的即为青口。贻贝肉质细嫩，滋味鲜美。雄性肉为白色，雌性肉为橘黄色，营养丰富，被誉为"海中鸡蛋"，适宜于爆、炸、炒、氽、拌、烩等烹调方法。

8. 蚶子

蚶子因其表面有自壳顶发出的放射肋，形如瓦楞，故又称瓦楞子。我国沿海约有10种，其中较为著名的有泥蚶和毛蚶两种。

泥蚶壳卵圆形，坚厚，顶凸出，放射肋发达，共有10～20条，有细密啮合齿，壳表面白色，被覆有褐色薄皮，内面灰白色。栖息浅海软泥滩中，故名泥蚶，是我国著名的经济海产品之一。

毛蚶壳质坚厚，呈长卵圆形，比泥蚶大，右壳稍小，壳面有放射肋约35条，壳面白色，被覆有绒毛状褐色表皮，故名毛蚶，又称"毛蛤"。毛蚶栖息在稍有淡水流入的浅海泥沙中。我国南北沿海均产。泥蚶、毛蚶肉味鲜美，它们又含有较多的血红素，有补血作用。

9. 蛏

蛏分竹蛏和缢蛏。

（1）竹蛏。竹蛏壳质脆薄，呈长竹筒形，两壳好像两片长竹片，故名。竹蛏壳面黄色，有铜色斑纹，肉黄白色，常伸出壳外，栖息浅海泥沙中，我国南北沿海均产，夏季盛产，肉质细嫩，味鲜美，鲜食、干制均可。

（2）缢蛏。缢蛏壳长方形，两端圆，生长线显著，壳面黄绿色，常磨损脱落而呈白色，壳质薄脆，栖息在近河口和少量淡水注入的浅海内湾，我国沿海均产，主要产区分布在山东、浙江、福建等省沿海，浙江、福建已有人工养殖，夏季为生产旺季。缢蛏肉质细嫩，味鲜美，鲜食、干制均可。

蛏肉适宜于爆、炒、拌、烩等多种烹调方法，一般不需要刀工处理，可制作油爆蛏子、木樨蛏子、肉片蛏子、拌蛏子、烩蛏子等菜肴。

10. 西施舌

西施舌本名"东蛤"，因其似蛤蜊而得名，最大者壳长14 cm，重达500 g，肉呈舌白色，壳表黄褐色而光亮，顶部为淡紫色。壳大而薄，略呈三角形，壳顶在中央稍前方，栖息在浅海沙滩内。我国沿海以福建、山东产量较大。西施舌洁白细嫩，鲜美无比，适宜于旺火快炒或氽汤。

11. 扇贝

扇贝又称海扇，外形酷似扇子。扇贝的种类很多，有太阳扇贝、栉孔扇贝、日月扇贝、德氏扇贝等。扇贝的壳非常漂亮，壳面有20多条凸起的放射性肋，肉嫩而鲜甜，故做菜多将肉起出后酿入壳中，浇上佐料连壳上席。闭壳肌干制品即为干贝。另有一种江珧贝，干品为珧柱，它与干贝的区别是：干贝只一个柱心，江珧有两个闭壳柱心。

12. 日月贝

日月贝的贝壳呈圆形，两壳异色，左壳表面呈淡玫瑰色，右壳呈淡黄色，壳表面光滑，闭壳肌大，主要产于南海，现有人工养殖，取出肉后可氽、炒、爆、蒸，鲜而略甜。

13. 鲜带子

鲜带子贝壳大，略呈三角形或扇形，壳薄，顶部尖细，背缘较直，腹缘渐凸出。壳面呈淡黄色或褐色，中间独立闭壳肌较大，色白而嫩，烹调常整只蒸后浇豉汁、葱、姜，取柱状闭壳肌可滑炒，滑嫩鲜甜。

14. 田螺

田螺属腹足纲田螺科，外壳大，直径为5～6 cm，呈圆锥形。壳口边缘呈黑色，生长于湖泊、河流、水田。田螺头较大，肉鲜嫩，可整只烧成糟田螺，也可取肉炒菜，或是用壳填料做成酿菜。

15. 黄蚬

黄蚬属瓣鳃纲蚬科，壳呈圆底三角形，壳长约3 cm，壳面具有光泽，呈黄绿色或棕褐色，广泛分布于我国各地淡水域，栖于多泥沙的河流、湖泊底。黄蚬肉鲜美，适于炒或氽。

16. 泥螺

泥螺又称麦螺，腹足纳阿比螺科，壳薄而脆，卵圆形，光滑，软体部肥大，不能完全缩入壳内，泥螺肉质脆嫩，烹调常用于醉泥螺，或烹炒食用。

17. 蜗牛

蜗牛属软体动物，陆生贝类。蜗牛身背螺旋形的贝壳，其形状形形色色，大小不一，有宝塔形、陀螺形、圆锥形、球形等，现在世界各地作为食用人工养殖的蜗牛有四五种。蜗牛蛋白质含量较高，为法国人喜爱的传统食品之一。

我国繁殖的褐云玛瑙螺又称非洲大蜗牛，是陆生贝类中个体最大的蜗牛之一。蜗牛足部肌肉发达，背面呈暗棕黑色，其黏液无色。近几年来，在自然界也发现其足及颈部、身体肌肉表面呈淡黄色、白色或乳白色的个体，即所谓的"白玉蜗牛"，也是热带、亚热带种类。我国主要分布在台湾、福建、广东、广西、海南、云南等省区，除上述各地外，上海、江苏、浙江、四川、北京、湖北等地已有人工养殖。

蜗牛肉质脆嫩、清爽，适宜于炸、爆、炒、蒸等多种烹调方法，可制作油爆蜗牛肉、蚝油蜗牛肉、宫保蜗牛肉、咖喱蜗牛肉等多种菜肴。

18. 象拔蚌

象拔蚌又称象鼻蚌，产自北美洲，是一种深水蚌。它生活于海底沙堆中，捕捉时，用压缩机把海底沙粒吹开，再拾取。每只重1～2 kg。因其外形像一般河蚌，而伸出长长的嘴巴，像象鼻，故名。象拔蚌肉质鲜嫩爽脆，一般多用作刺身，也可用作上汤焗、白灼、油泡诸法，都须以断生即起，否则老韧难嚼。

五、其他水产品

1. 圆鱼

圆鱼即鳖，又名元鱼、甲鱼、团鱼等，产于各地河网地区，现已有人工养殖。圆鱼头呈三角形，吻长而凸出，头颈部和四肢能完全缩入背腹甲之间。甲壳体裹有表皮，呈黑灰色和灰褐色两种，腹部白色间蓝色斑纹。圆鱼寿命很长，体重大者可达5 kg以上，肉肥嫩，味道醇厚，富含蛋白质，营养价值高，为高级滋补食品，在烹饪中常以清炖、红烧等烹调方法制作食用。

2. 鳝鱼

鳝鱼又名黄鳝、长鱼，产于各地水网地区，以江苏、浙江和长江沿岸各省产量较多，常栖息于水田污泥中，全年都可捕捉，以夏秋为两个上市的旺季。鳝鱼体细长，呈蛇形，头部膨大，嘴尖，眼小，体润滑无鳞，色微黄或橙黄，全身布满黑色小斑点，腹部灰白，体长一般25～40 cm，大者可达60 cm。肉呈灰色，较嫩，味鲜，富含营养，有泥土味，适合各种烹调方法。

3. 泥鳅

泥鳅属小型鱼类，分布遍及全国，多栖息于静水的底层，常钻入泥中。体长8～12 cm，身扁圆，嘴部向前凸，尾鳍圆形，体表光滑，灰黑色，有斑点。肉细肥嫩，味鲜，带土腥味，蛋白质含量达22%以上，营养丰富，为出口水产品之一，适宜红烧、熏、卤、炖等烹调方法。

4. 乌龟

乌龟又叫水龟、神龟，属龟科动物。乌龟的背腹有椭圆形的背甲和腹甲，头、尾和四肢可以缩进甲板内，四肢短有5趾，趾间有蹼，尾尖长呈圆锥形状，背部高高隆起为山龟，微微隆起的是草龟。乌龟全年可捕捉。龟的甲板可用作药膳。龟肉适用于煮、煨、焖。

5. 海胆

海胆为海胆纲动物的统称,体呈半球形、心形或薄饼状,壳上生有许多能活动的棘。一般生活在岩石的裂缝中。在6—7月份的生殖季节,海胆的生殖腺充满了整个壳体,剪开即可食用,色淡黄,似蟹黄,分布在一格格的结构中。可生食也可取出生殖腺炒制或做汤。

6. 山瑞

山瑞形如鳖但较肥厚,重可达2~3 kg。体背呈黑褐色,颈基部两侧及背甲前缘均有粗大疣粒,腹面呈黄白色,生活于山间或山区河流、水塘中,分布于广西、广东一带。山瑞肉质比鳖老,但鲜美过之,宰杀法如甲鱼,烹调可炖汤、红烧。

六、人造水产品

随着科学技术的发展,人造水产品在20世纪80年代开始发展起来。目前人造水产品发展相当迅速,有人造海蜇皮、人造蟹肉、人造鱼翅等。人造水产品主要原料为低值鱼类和豆类,以及鱼虾和藻类。人造水产品的色、香、味、形均与天然产品相似,其营养价值也与天然产品相似,而其价格却比天然食品便宜很多。

1. 人造虾肉

利用低值鱼类肉制成,经过加工使其蛋白质纤维化,再与小型虾肉混合,进行调味、调色,最后挤压成形,制成外观、味道和质地与天然虾相似的人造虾肉。

2. 人造蟹肉

目前生产人造蟹肉主要利用明胶蛋白、鱼肉、蛋清、乳酪蛋白、褐藻酸钠,有的用低值鱼、虾等,经过加工制成与蟹肉纤维束相同的纤维束,再经调味、着色成形,即得到口感、风味、外观均与蟹肉极为相似的人造蟹肉。

3. 人造海蜇皮

利用食用褐藻胶、大豆蛋白制成人造海蜇皮。另外还有一种是用新鲜猪皮为原料,经加工,调味后制成人造海蜇皮,它不需要天然海蜇皮那样进行特别处理,且质量稳定。

4. 人造鱼子

利用果胶、卡拉胶、糊精、明胶、琼胶等胶中的一种或几种为主要原料,经调味后,加维生素、油料,然后经凝胶、包膜、干燥等工艺,制成人造鲑鱼子,酷似真品。

另外还有人造鱼翅、仿乌贼制品、海洋牛肉等人造水产品。因为是仿制品,故在烹调中应加重调味、讲究烹制方法,以达到乱真效果。

第 4 节　蔬果类原料的品种及特点

　　蔬果原料通常是指可以用来制作菜肴的植物，包括高等植物类、菌藻类及地衣类等。我国出产丰富的蔬菜水果品种，并以质量好而闻名于世。

　　蔬菜和水果中含有丰富的营养成分，特别是维生素和矿物质。蔬菜和水果在菜肴中既可作主料，又可作配料。某些蔬菜还含有芳香辛辣成分，具有调剂口味的作用。蔬果类原料大致可分为以下几类：

一、叶菜类

叶菜类指植物的叶片和叶柄为食用部位的一类蔬菜。

1. 大白菜

大白菜又称结球白菜、黄芽菜等。大白菜原产我国，主产于山东、河北等省，一般上市季节在 9—11 月份。大白菜在烹调中应用广泛，冷、热菜均可，适应拌、炝、炒、熘、扒、烧、炖等多种烹调方法，刀工成形可切丁、丝、条、块、末等多种形状，在菜肴中可作主料，也可作配料，并适应多种口味。大白菜以菜身干净洁白、菜心结球、菜叶软糯、老帮少、根小、纤维少为上品。

2. 青菜

青菜为一年或两年生草本植物，植株一般较矮小，茎短缩。叶多无蓉毛，叶片呈匙、圆、卵或长椭圆形，浅绿或深绿色。青菜原产我国，在南方广泛栽培，品种也很多。它生长期较短，适应性强，质地脆嫩。在江南一带青菜是常年蔬菜。霜降后，青菜中的淀粉转化为葡萄糖，因而味略甜。在夏秋季，江南还有一种小青菜，俗称鸡毛菜，株高不过 10 cm 左右，非常嫩。青菜除单独炒成菜外，最常用的方法是做其他荤菜的围边、垫底。冬天取用菜心，是高档原料。

3. 油菜

油菜为一年生或两年生草本植物，我国各地均有栽培，以长江流域及江南各地为最多。油菜按其叶柄颜色可分为青帮油菜和白帮油菜。烹调中主要食用油菜的嫩茎叶。油菜籽可榨油，即菜籽油。

4. 叶用芥菜

叶用芥菜为一年生或二年生草本植物，一般耐寒性较差，南方春秋两季均可栽培，北方以秋播为主,组织较粗硬,有辣味,腌制后有特殊鲜香味,较普遍的品种有雪里蕻。雪里蕻又称雪菜、春不老等,鲜叶呈长圆形,叶齿细密,叶片较小,叶柄细长,色浓绿,多产于江南,于初冬霜降时节收获,经腌制后可常年供应。鲜雪里蕻不宜直接食用,烹调中多用腌制品。因为经腌制后不仅能去掉鲜品的辛辣,还能增加清香,保持浓绿脆嫩的特色。腌制的雪里蕻经加工后可制雪里蕻炒肉丝、炒雪冬,也可作配料制作咸菜大汤黄鱼、雪菜塘鳢鱼、雪冬山鸡等菜肴。

5. 卷心菜

卷心菜又称结球甘蓝、包心菜、圆白菜、洋白菜等,原产于地中海沿岸,现我国各地均有栽培。叶片厚,卵圆形,叶柄短,叶心包合成球。按其叶片的颜色大体可分为两类:一种是淡绿色,我国产量最多;另一种呈紫色,有人称其为紫卷心菜、紫甘蓝等,近年来我国各地均有栽培。按叶球形状的不同,可分为尖头形、圆头形、平头形。尖头形叶球较小,呈半心形,叶球内茎高,结球不太紧实,成熟于5—6月份;圆头形叶球中等,叶球内茎较短,结球结实,品质较好,耐存放,6月份上市;平头形叶球大,扁圆形,叶球内茎短,结球紧实,品质佳,晚春栽培的于7月间成熟,夏季栽培的于10月初上市。卷心菜以鲜嫩清洁、无烂叶、大根、无泥土、无机械损伤和病虫害,叶球包得紧实者为佳。

6. 菠菜

菠菜又名菠棱、赤根菜等,原产伊朗,现我国各地普遍栽培,为一年生或二年生草本植物。主根粗长、赤色,带甜味,基出叶呈椭圆或箭形,浓绿色,叶柄长,性喜冷凉,耐寒性强,为我国常见绿叶蔬菜之一。我国北方以秋季栽培和冬播春收为主;南方则春、秋、冬均可栽培。菠菜以干净、色绿、无黄叶、不出薹、不出穗、没虫眼者为好。

7. 芹菜

芹菜分水生、旱生两种,为一年生或二年生草本植物,叶柄发达,中空或实,色绿白或翠绿,有特殊香味,性喜冷凉,不耐炎热。原产地中海沿岸,现我国南北各地均有栽培。芹菜按其叶柄的组织结构,可分为空心芹菜和实心芹菜。空心芹菜根大、空心,叶细长,柄呈绿色,香味浓,纤维较粗,品质较差;实心芹菜根小、实心,叶柄宽,香味较淡,纤维较细少,质地脆嫩。近年有从美国引进芹菜,称美芹,茎粗而株大,每棵在500g左右,茎嫩而脆,一般多做炒、拌用。

8. 芫荽

芫荽因有特殊香味故又名香菜,原产地中海沿岸,现我国各地均有栽培,以华北最多。芫荽性喜冷凉,忌炎热,冬春种植,形状与芹菜有些相似,但叶小茎细,色泽浓绿,质地脆嫩。

芫荽在烹调中可凉拌,也可在热菜中切末撒在成熟的菜肴上,可制作芫爆鱿鱼卷等。

在烹调中的作用主要是调味，一般是在菜肴成熟时加入，过早加入会失去脆嫩感和翠绿色。

9. 蕹菜

蕹菜又称空心菜、瓮菜等，一年生草本植物，茎蔓生，中空，叶长为心脏形，叶柄甚长，色绿，性喜温暖湿润，耐炎热，嫩梢供食用，为夏、秋高温季节的蔬菜。蕹菜原产我国南部，以中、南部地区栽种较多，近年来北方开始引进栽种。蕹菜有旱蕹、水蕹之分。

10. 苋菜

苋菜又称米苋，一年生草本，叶卵圆形或菱形，呈绿色和紫红色。后者煸炒后红色溶于汤中，嫩茎叶供食。我国南北各地均产，有栽培，也有野生，性耐热，北方产于夏季，南方春、夏、秋皆产，以肥嫩者为良。

11. 生菜

生菜又名叶用莴苣，植株矮小，叶扁圆、卵圆或狭长形，可分为结球生菜、散叶生菜和皱叶生菜三种类型。

生菜叶卷成球形的称结球生菜，又分为青口、白口、青白口三种。青口叶球扁圆形，个较大而结球较结实，深绿色，品质较粗糙；白口叶片较薄，结球较松散，品质较细嫩；青白口为前两者的杂交品种，品质特点介于两者之间。散叶生菜又称花叶生菜，叶散生，不结球，叶长薄，呈淡绿色。皱叶生菜又称玻璃生菜，叶面皱缩有松散叶球。生菜脆嫩爽口宜生食，可直接蘸酱食用，也可作配料直接凉拌或开水焯后拌食，包粒状原料炒菜食用。

12. 茴香苗

茴香苗是茴香的嫩茎，叶、梗瘦小，叶色浓绿色，叶呈羽状分裂。茴香原产地中海地区，现我国南北各地普遍栽培。茴香苗具有强烈的芳香气味，含有较多的维生素 A 原和矿物质，在烹调中多作面点馅心，也可炒食。

13. 荠菜

我国食用荠菜的习惯始于古代。荠菜原为野菜，现已有栽培。栽培品种有板叶荠菜、散叶荠菜等。荠菜质嫩，有特有清香味，多用于凉拌或煸炒。

14. 香椿芽

香椿芽又名香椿头，是香椿树春季发生的嫩芽。香椿树在我国分布于长江流域及其以北地区。香椿早春上市。香椿芽因品质不同，各地的区分互异，一般分为青芽和红芽：青芽的枝芽青绿色，叶尖呈茶绿色，质嫩，香味浓，是供食用的主要品种；红芽的芽叶红褐色，质粗，香味差。香椿芽生长很快，清明前后采摘为佳，这期间，梗肥质嫩，梗内无丝，鲜美芳香；谷雨之后采摘者，梗芽瘦长，梗内有丝，芳香味差。烹调多炒或凉拌。

15. 葱

葱属百合科，多年生草本，作二年生栽培。我国主要栽培大葱、龙爪葱（大葱的变种）、分葱、细香葱和韭葱。大葱主要产于淮河秦岭以北和黄河中下游地区，分葱和细香葱则以南方栽培较多，韭葱我国只有少量栽培。葱味辛辣，有去腥、调香之用。

16. 韭菜

韭菜为多年生宿根草本，叶细长扁平而柔软，翠绿色，分蘖力强，喜凉冷气候，抗病虫，原产亚洲东部，现在我国各地普遍栽培。韭菜按食用的部分不同可分为叶韭、花韭、叶花兼用韭，一般以叶韭较多。叶韭的叶片较宽而柔软，抽薹少，以食叶为主。叶韭又可分为宽叶韭和细叶韭两种：宽叶韭叶宽而柔软，叶色淡绿，纤维少，但香味不及细叶韭。宽叶韭性耐寒，在北方有较多的栽培；细叶韭叶片狭小而长，色深绿，纤维较多，香味浓，性耐热，在南方有较多的栽培。夏季韭菜抽出的嫩茎又名韭菜薹，可以炒食，或作馅心，韭菜花经腌制后为吃火锅的调料。

17. 莼菜

莼菜又名水葵，为多年生草本植物。叶片椭圆形，深绿色，依细长的叶柄上升而浮于水面，叶背与茎上有胶状透明物质，以其嫩梢和初生卷叶供食。莼菜性喜温暖，适宜于在清水池中生长。

莼菜原产我国，主要分布于长江以南的太湖、西湖、洞庭湖等地。莼菜质地柔滑，多用于做汤。

18. 蒲菜

蒲菜系生长于水边或池沼内的多年生草本蒲草的嫩芽，主要以黄河中下游、江浙一带出产较多。每年4—5月份上市，将外部绿色叶鞘剥去，只留象牙色嫩芽部分食用，味道清香平和。

19. 塌菜

塌菜又称塌棵菜，二年生草本植物，叶墨绿色，贴地生，故名。塌菜原产中国，主要分布长江流域地区，春节后收割，以经霜雪后味略甜质佳。塌菜多用于煸炒或做汤。

20. 落葵

落葵又称木耳菜、紫葛叶、胭脂菜，一年生草本植物，攀藤。落葵原产中国和印度，我国2 000年前即已栽培，目前江南一带栽培较多。落葵茎淡绿色，叶绿色，花白色或红色，叶片卵圆形至长卵长圆披针形。落葵叶片厚实，口感滑嫩，适于煸炒、凉拌或做汤。

21. 金花菜

金花菜又名苜蓿、草头，为一年生或二年生草本植物，以嫩叶供食。金花菜原产印度，目前我国长江流域栽培较多，按季节可分为秋草头、春草头，主要烹制法是煸炒，有名菜生煸草头。草头焯水后晒干可与肉同烧。

22. 茼蒿

茼蒿又称蓬蒿，为一年生或二年生草本植物。茼蒿原产地中海沿岸，在我国已有900年栽培历史，现全国各地广为栽种。茼蒿分大叶和小叶两种，大叶的茎短而粗，质地嫩，小叶的香味浓，由于其含有特殊香味，烹调多用于煸炒、凉拌。

23. 马兰

马兰又称马兰头、鸡儿肠，为多年生草本植物，以野生为主，近年来也有人工培植的。马兰原产亚洲南部。长江流域各地都有春天采马兰做菜的习俗，烹调多用于凉拌、炒，也可干制后同肉烧。

24. 枸杞头

枸杞头为茄科枸杞属中以嫩叶或嫩芽供食用的多年生灌木。枸杞原产中国，多生于山坡、田边、路旁，现已有人工栽培。宁夏枸杞最为出名。枸杞头为嫩茎叶，春、秋上市。结果后为枸杞子，有药用价值。枸杞头做菜多炒或凉拌，最好以脂肪含量稍多原料与之配伍。

25. 蕨菜

蕨菜又称蕨儿菜、拳菜，为多年生草本植物。叶从根茎上长出，顶上幼叶芽苞呈拳形。待幼叶舒展后，纤维韧而且硬，便不宜食用。我国各地山野都有生长，春季采集食用，多用于凉拌或作烧菜配料。

二、根茎类

根茎类蔬菜是指以植物根、茎为食用部分的蔬菜。

1. 萝卜

萝卜又称莱菔，一年生或二年生草本植物，直根粗壮，呈圆锥、圆球、长圆锥、扁圆等形，有白、绿、红、紫色等，我国各地均有栽培。其按收获季节可分为：春萝卜，其肉质根中等、偏小；夏秋萝卜，肉质根中等、偏大；四季萝卜，肉质根偏小，虽说四季都可种植，但一般在早春上市；冬萝卜，肉质根粗大，品质优良，产量高，耐寒性强，耐储存，为我国栽培面积最大、品种最多的一类。市场供应的品种有白萝卜、青萝卜、心里美等。萝卜一般以外形美观、外皮光滑、大小适中、组织细密、粗纤维少、不糠心、不黑心、新鲜脆嫩多汁为好，烹调用来做汤、凉拌、红烧等，心里美萝卜皮绿肉白心红，常用于雕刻。

2. 胡萝卜

胡萝卜又称红萝卜，一年生或二年生草本植物，肉质根圆锥或圆柱形，色呈紫红、橘红、黄色，肉质致密，有特殊的香味，原产地中海沿岸地区，现我国各地均有栽培。春季种植的一般在6月下旬、7月初收获，秋季播种的在11月上旬收获，耐储存。

胡萝卜的品种较多，按形状分，有锥形及圆柱形两种；按成熟期的不同，分有早熟、中熟、晚熟等品种。胡萝卜以粗壮、光滑、形状整齐、肉厚、不糠、无机械损伤、无虫蛀、无开裂、质细味甜、脆嫩多汁为佳。

3. 马铃薯

马铃薯又名土豆，多年生草本植物，地下块茎呈圆、卵、椭圆等形，有芽眼，皮有红、黄、白或紫色，原产南美洲，现我国各地均有栽培。马铃薯以皮薄、体大、表面光滑、芽眼浅、肉质细密为好。马铃薯既可作蔬菜，又可作粮食，被列为世界五大粮食作物（玉米、小麦、水稻、燕麦、土豆）之一，被一些国家称为"蔬菜之王""第二面包"。马铃薯适宜多种刀工成形，无论丁、丝、条、片、块、蓉、泥皆可，适用于炸、炒、炖、烧、拔丝等多种烹调方法。由于土豆本身滋味清淡，所以可作配料与鸡、肉、鱼等搭配制作菜肴。

4. 山药

山药为多年生缠绕藤本植物，呈圆柱形肉质的地下块茎，皮褐色，肉白色，有黏液，表面多生须根。我国南北各地均有栽培，干品为淮山药。山药按栽培可分为普通山药（也称家山药）和甜薯两大类。甜薯在台湾、广东、广西等地栽培较多，块茎特大，有的可重达5 kg以上。普通山药在我国中部和北部栽培较多，块茎较小。按形状可分为扁形、块形和长柱形：扁形块茎形扁似掌，块形茎呈不规则的团块，长柱形茎块呈柱形。

山药以身干、坚实、粉性足、色洁白、无损伤者为佳。生山药肉质脆嫩、易折断、多黏液，烹调可切块炖汤，切片炒食，也可用于拔丝菜。

5. 慈姑

慈姑又称茨菰，为多年生草本植物。慈姑原产中国，我国长江流域栽种较多，椭圆有柄，为地下球茎，皮黄肉白，多淀粉质，适于烧、炖、炒等。

6. 芋艿

芋艿为多年生草本植物，地下球茎，外表带黑褐色纤维状毛，梗部白色为白梗芋艿，易酥；梗部红色为红梗芋艿，质略硬而香。芋艿有母芋和子芋之分。母芋即芋艿头，重可达1 kg以上。浙江奉化、广西荔浦以芋头出名，粉糯而略甜。子芋形小，每只重30～50 g。芋艿、芋头淀粉含量较多，烧、焖、煮、炖之后，取其酥烂柔绵质地。

7. 魔芋

魔芋原产东印度和斯里兰卡。我国主产于云南、四川及长江中游地区。魔芋品种较多，以白魔芋品质最好。

魔芋含有丰富的果胶，既是蔬菜也是药材。魔芋可加工成粉再制成魔芋干、魔芋豆腐等再做菜，可拌、烧等法。

8. 藕

藕又称莲菜，系多年生水生草本植物。莲鞭在夏秋生长末期，其先端数节入土后膨大而形成的根茎称藕，主要产于池沼湖塘中，我国中南部栽培较多，秋、冬及初春均可采挖。藕基本分为 3～4 节，每节呈短圆形，外表光滑，皮色白或褐黄，内部白色，节中央膨大，内有大小不同的孔道，呈对称分布。我国的食用藕大体可分白花藕、红花藕、麻花藕。

（1）白花藕。鲜藕表皮白色，老藕黄白色，全藕一般 2～4 节，个别 5～6 节，皮薄，内质脆嫩，纤维少，味甜，品质较好。

（2）红花藕。鲜藕表皮褐黄色，全藕一般 3 节，个别 4～5 节，藕形瘦长，皮较厚而粗糙，老藕含淀粉多，水分少，藕丝较多，熟食质地绵，品质中等。

（3）麻花藕。其外表略呈粉红色，粗糙、藕丝多，含淀粉多，质量差。

9. 荸荠

荸荠又称南荠、马蹄、地栗等，为多年生浅水性草本植物，地下有匍匐茎，先端膨大为球茎，球茎呈扁圆球状，表面光滑，老熟后呈深栗壳色或枣红色，有 3～5 圈环节，并有短鸟嘴状顶芽及侧芽，原产印度和我国南部，现我国主要分布于江苏、安徽、浙江、广西、广东、福建等省的水泽地区，每年冬春季上市。荸荠以个大、洁净、皮薄、肉细嫩无渣、甘甜爽口、多汁为佳。

10. 笋

笋即竹类的嫩茎。以供食用笋的竹子有毛竹、慈竹、淡竹等 10 多个品种，主要分布在珠江流域和长江流域。按笋的收获季节可分为冬笋、春笋和夏末秋初的鞭笋。冬笋为冬季毛竹在地下的嫩茎，色嫩黄，肉厚质脆，味清鲜，质量最佳。到春天出土后为毛笋，也称春笋，而竹子春天出土的嫩茎为竹笋，也可称春笋，个体细长，味道鲜嫩，色黄，质嫩味美，质量次于冬笋。鞭笋为夏秋间竹芽横向生长成鞭的先端幼嫩部分，笋体瘦长，色白质脆，味鲜，质量最差，多腌成咸笋。

11. 芦笋

芦笋学名石刁柏，又称龙须菜，多年生宿根草本。生在凹、湿地。春季自地下茎上抽生嫩茎，经软化后，供食用。芦笋原产欧洲，现世界各地均有栽培，其中以美国和我国台湾最多，近年来我国大陆栽培量逐渐增多。芦笋在春季收获，幼茎色白。在未出土前采收的，称为白芦笋，适宜加工罐头；出土后见阳光变成绿色，称为绿芦笋，适宜鲜食，绿芦笋虽不如白芦笋柔嫩，但香味浓，栽培省力。

12. 莴苣

莴苣又名茎用莴苣，其茎肥大如笋故又称莴笋。莴苣基出叶狭长，茎出叶较短。我国除华南栽培较少外，遍及南北各地，秋、冬、春季皆产。莴苣分尖叶莴苣和圆叶莴苣。尖叶莴苣披针形，先端尖，叶簇较小，茎似上细下粗的棒状；圆叶莴苣叶片呈长侧卵形，顶部稍圆，叶面多皱，叶簇大，茎粗中下部较粗，品质较好。莴苣一般以外形直、粗长、皮薄、质脆、水分多、不蔫萎、不空心、无泥土为佳，烹制宜作凉拌菜，或切片、丁、丝作配料，有清香味。

13. 茭白

茭白又称茭笋、菰等，为多年水生宿根草本植物，根际有白色匍匐茎，春季萌生新株，初夏或秋季提生花茎，经菰黑粉菌侵入寄生后，不能正常抽薹开花而刺激其细胞增生，形成肥大的嫩茎，即食用的茭白，茭白外披绿色叶鞘，顶部尖，中下部粗，略呈纺锤形，去皮后长 10～30 cm，粗的部分直径为 2～5 cm。茭白原产我国，主要分布在长江以南的水泽地区，特别是江浙一带较多。茭白每年 6—10 月份上市，按其采集季节可分为秋季单季茭、夏秋双季茭两种。

14. 姜

姜又称生姜，多年生草本植物，一年生栽培，根茎肥大，呈不规则的块状，色黄或灰白，有辛辣味。我国南北各地均有栽培，北方品种姜球小，辣味浓，姜肉蜡黄，分枝多；南方品种姜球大，水分多，姜肉灰白，辣味淡，一般每年 8—11 月份收获。在烹调中一般把姜分为嫩姜和老姜两类。嫩姜又称芽姜、子姜、紫姜等，一般在 8 月份收获，质地脆嫩，含水分多，纤维少，辛辣味较轻；老姜多在 11 月份收获，质地老，纤维多，有渣，味较辣。姜以不烂、不蔫萎，无虫伤、无受冻受热现象，不带泥土和毛根等为上品。嫩姜可直接当配料做菜，老姜作调料。

15. 大蒜

大蒜为多年生宿根草本植物，作一年生或二年生栽培。地下鳞茎由灰白色的皮包裹，其中的小鳞茎叫蒜瓣。大蒜原产中亚和欧洲南部，我国南北各地均有栽培，一般在夏秋季收获。大蒜的种类较多，按蒜瓣大小可分为大瓣蒜和小瓣蒜。大瓣蒜一般每头 4～7 个蒜瓣，蒜瓣大小均匀而肥大，外皮易剥落，辛辣味浓，产量高，并适于栽培蒜头；小瓣蒜的蒜瓣细长，每头有蒜瓣 10～30 多个，大小不均匀，外皮不易剥落，适于栽培蒜苗。蒜按鳞茎外皮颜色又可分为紫皮蒜和白皮蒜两个类型：紫皮蒜外皮呈紫色，蒜瓣少而大，辣味浓，蒜薹肥大，产量高，但耐寒性差，多在早春栽培，又称春蒜，这种蒜适于生食或作调味料；白皮蒜外皮呈白色，辣味淡，抽薹力弱，蒜薹产量低，耐寒性强，多在秋季栽培，又称秋蒜，这种蒜最适于腌制。我国质量好、产量高的蒜产区很多，辽宁海城大蒜、山东苍山大蒜、上海嘉定大蒜、山西应县大蒜、河南宋城大蒜、西藏拉萨大蒜都很有名。

16. 洋葱

洋葱又名葱头、圆葱，为两年生或多年生草本植物。叶鞘肥厚呈鳞片状，密集于短缩茎的周围，形成鳞茎，即葱头。洋葱原产亚洲西部，现我国普遍栽培夏秋收获。洋葱适应性强、耐储运，尤适于蔬菜淡季供应。洋葱按外皮颜色分为红皮洋葱、白皮洋葱、黄皮洋葱。红皮洋葱外皮色紫或粉红，鳞片肉质微红，鳞茎形状为圆球形或扁圆球形，含水量大，肉质粗，产量高，较耐储存；白皮洋葱外皮及鳞片肉质均为白色，扁圆形，肉质柔嫩、细致；黄皮洋葱外皮铜黄或淡黄，鳞片肉质微黄，扁圆球形或高桩圆球形，含水量少，肉质致密，味甜而辛辣，最耐储存，品质最好。洋葱以个肥大，鳞片肥厚，抱合紧密，外表干燥、有光泽、无损伤，大小均匀，味辛辣而甜者为上乘。

三、瓜果豆类

这类蔬菜包括瓜类、茄果类、豆类蔬菜。瓜类指食用部分为瓠果，植物学分类上属葫芦科的一类蔬菜；茄果类指以浆果供食的茄科蔬菜；豆类指豆科作物的嫩豆荚和鲜豆粒及豆芽。

1. 瓜类蔬菜

（1）黄瓜。黄瓜又称王瓜、胡瓜、青瓜等，一年生草本植物。黄瓜呈圆筒形或棒形，绿色，瓜上有刺，刺基常有瘤状凸起。黄瓜原产印度，现我国各地普遍栽培，夏秋季盛产，冬春可在温室栽培。黄瓜以条头均匀，瓜体细直，皮薄，肉厚，瓤小，肉质脆嫩，味清香者为好。

黄瓜按成熟期可分早黄瓜和晚黄瓜；按栽培方式可分地黄瓜和架黄瓜；按果实表面棱刺分有棱类型和无棱类型；按果实形状又可分刺黄瓜、鞭黄瓜、短黄瓜、小黄瓜四类。

1）刺黄瓜。黄瓜表面有10条凸起的纵棱和较大的果瘤，瘤上有白色刺毛，绿色、呈棍棒形，把稍细，瓤小，籽少，肉质脆嫩，味清香，品质最好。

2）鞭黄瓜。瓜体较长，呈长鞭形，果面光滑，浅绿色，无果瘤和刺毛，瓜肉较薄，瓤较大，肉质较软，品质次于刺黄瓜。

3）短黄瓜。瓜体短小，呈棒形、绿色，有果瘤及刺毛。

4）小黄瓜。瓜体长 6～7 cm，脆嫩，绿色，是制作酱瓜的上好原料。

（2）冬瓜。冬瓜又称白瓜、枕瓜，一年生草本植物。冬瓜呈圆、扁圆或长圆形。大小因品种而异，多数品种表面有白粉，果肉厚，白色，疏松多汁，味淡，原产我国和印度，现我国普遍栽培，夏秋季采收。冬瓜以肉质结实，肉厚，心小，皮色青绿，形状周正，无损伤，皮不软，不烂为好。

（3）西葫芦。西葫芦又名美洲南瓜，一年生草本植物。瓜形呈长圆形，色深绿或绿白。原产南美洲，现我国西北及北方栽培较普遍，初霜前收获。西葫芦脆嫩清爽，在烹调中多切片使用。作为主料适宜炒、醋熘，作汤菜，还可作面点馅心。

（4）佛手瓜。佛手瓜又称合掌瓜，果实颇似两手手指弯拢虚合形象，个重50～1 500 g，一般重在250 g左右。外表有不规则的纵沟，较浅，大致有5条左右，没有瓜瓤，只有一颗种子，不易与肉分开，果肉白色。佛手瓜是近年从国外引进的，我国云南、四川、浙江、山东、广东、贵州、广西、福建、台湾均有栽培。佛手瓜脆嫩多汁爽口，有绿皮与白皮两种，也有介于白绿之间的。在烹调中可切成丝、片、丁、块等形状。

（5）丝瓜。丝瓜为一年生草本植物，攀藤，原产亚热带，现我国南北各地均有栽培，夏秋收获，绿色嫩果供食，老熟果纤维发达，民间用作洗涤用具。

丝瓜分普通丝瓜和有棱丝瓜两种。普通丝瓜，果长圆筒形，瓜面无棱、光滑或具有细皱纹，有数条深绿色纵纹，幼瓜肉质较柔嫩；有棱丝瓜，果呈纺锤或棒形，表面具有8～10条棱线，肉质致密。

（6）苦瓜。苦瓜为一年生草本植物，果呈纺锤形或长圆筒形，果面有瘤状凸起，嫩果青绿色，成熟果为橘黄色，以未成熟的嫩果作蔬菜，果肉有苦味，成熟的果瓤可生食，原产印度尼西亚，我国以广东、广西等地栽培较多，近年逐渐向北方拓展，夏季收获。苦瓜嫩果有苦味，果肉脆嫩，食时有特殊风味，稍苦而清爽，苦瓜以青边、肉白、皮薄、籽少者为佳。

（7）南瓜。南瓜又称番瓜、饭瓜，为葫芦科，南瓜属中叶片有白斑、果柄五棱形的栽培种，一年生蔓性草本植物。南瓜各地都有栽培，夏秋季上市，分圆形和长形两种。南瓜可用烧、炒、做面点及用于食品雕刻。

（8）蛇瓜。蛇瓜又称蛇丝瓜，为一年生攀缘性草本植物。蛇瓜原产印度、马来西亚，近年引进，我国许多地方有栽培。蛇瓜果实呈长圆形棒状，末端弯曲似蛇，长40～120 cm，果皮绿白色，表面平滑，具蜡质，肉白色，质地软嫩。蛇瓜多用于切片炒食。

（9）瓠瓜。瓠瓜又名夜开花，属一年生攀缘性草本植物，原产非洲南部，现我国南北均有栽种，夏季大量上市。瓠瓜果实长圆，皮淡绿色，肉白而软嫩，中有嫩籽，刨皮后可烧、炒、烩，也可做馅心。

（10）笋瓜。笋瓜又名北瓜，原产玻利维亚，我国从印度引进，各地都有栽种，每年6月份上市。果实多为椭圆形，果面平滑，嫩果白色，成熟果外皮淡黄，或有条斑。此瓜以炒食为主，也可做盅，或用于食雕。

2. 茄果类蔬菜

（1）辣椒。辣椒又称大椒、辣子等，一年生或多年生草本植物，原产南美洲，现我国各地均有栽培，以西南、西北、江南等地区栽培尤为广泛，四季均有供应。

辣椒的品种繁多、形状各异，按果型分五大类，即樱桃椒类、圆锥椒类、簇生椒类、长角椒类、灯笼椒类。目前栽培最多、最广泛的是长角椒类和灯笼椒类。按辛辣程度可分为甜椒类和辛辣类、半辣类。甜椒类因其形似柿子故又称柿椒、灯笼辣椒，味甜、个大、肉厚，常见的有直柄甜椒和弯柄甜椒两种；辛辣类辣味极强，个小、长尖、肉薄，常见的有线辣椒、朝天椒等；半辣类辣味介于极辣与不辣之间，呈长角形，顶端尖，微弯，似牛角、羊角，常见品种有牛角椒、羊角椒等。辣椒以表皮光滑、端正、大小均匀、无虫蛀、脆嫩新鲜为上品。

（2）番茄。番茄又称西红柿，一年生草本植物，呈扁圆或圆形，原产南美洲，现我国各地均有栽培，夏季出产较多。番茄是目前世界上大面积栽培的蔬菜之一。

番茄以果实的颜色来分类有红色番茄、粉红色番茄、黄色番茄三种。现在有迷你型番茄问世，又称樱桃番茄，分红、黄两种，形状如樱桃，味同普通番茄，多整只入馔或用于围边装饰。红色番茄颜色鲜红，一般略呈扁圆球形，脐小，肉厚，味甜，汁多爽口；粉红色番茄色粉红，近圆球形，脐小，果面光滑，酸甜适度；黄色番茄呈黄色，果大，扁球形，肉厚质沙。

番茄一般以果形端正、无裂口、无挤压、成熟适度、酸甜适口、肉厚者为佳。

（3）茄子。茄子为一年生草本植物，原产印度，现我国普遍栽培，是夏秋季主要蔬菜之一。茄子按其形状可分为圆茄类、卵圆类、长茄类。

茄子以其形周正、老嫩适度、肉肥厚细嫩、皮薄、籽少、不皱皮为好。嫩茄子外皮色泽乌暗，皮薄肉松，重量轻，籽肉不易分离，花萼部分有一片绿白色的皮。老茄子皮色光亮，皮厚而紧，肉坚实，籽肉易分离，籽硬，重量较重。

（4）玉米笋。玉米笋又名珍珠笋。原本在烹调中所用的是刚刚长出的十分鲜嫩的玉米的嫩穗果，近年从海外引进的玉米笋品种，已在河北、山东、浙江等地栽培，其形状如粉笔，长约7 cm，直径约1 cm。色泽淡黄，细嫩鲜香，味清淡微甜。在产区有鲜品供应，罐头制品则常年供应。玉米笋在烹调中多以段或整形烹制，也可切片应用，适宜于拌、炝、扒、煮等烹调方法。

3. 豆类蔬菜

（1）四季豆。四季豆为一年生草本植物。荚果扁平，顶端有尖，嫩荚或成熟的种子都可作蔬菜，现多以嫩荚作蔬菜应用。我国各地均有栽培，夏秋收获。

四季豆按栽培方法可分为矮生和蔓生两种。矮生的不爬蔓，又称地菜豆，肉多而柔嫩，筋少，绵软，豆荚扁圆形，色绿，质量、产量均不及蔓生。蔓生的又称架荚豆，爬蔓，需要支架生长，豆荚呈圆棍形，其色浅绿，肉厚，筋少，荚尖小而弯长，鲜嫩味美。

四季豆以鲜嫩、不老、不烂、无虫蛀、筋丝少、肉厚者为上品。

（2）豇豆。豇豆又称浆豆、长豇豆等，为一年生草本植物。荚果长条形，有绿、青灰、紫色。豇豆可分为短豇豆、长豇豆两种。短豇豆荚短、荚皮薄、纤维多而硬，不能食用，以种子供食，又叫饭豇豆；长豇豆荚嫩，肉质肥厚，脆嫩。豇豆以脆嫩、荚肉肥厚、无虫蛀者为好。

（3）扁豆。扁豆又称蛾眉豆、鹊豆，为一年生草本植物，蔓生，荚果扁平短而宽大，呈淡绿、红或紫色，作蔬菜主要是食其嫩荚。扁豆原产印度尼西亚，现我国南北方均有栽培，一般为秋季收获。扁豆按荚的颜色可分为白扁豆、青扁豆、紫扁豆。

（4）蚕豆。蚕豆又名胡豆、罗汉豆，为豆料野豌豆属桔荚果的栽培种，一年生或二年生草本植物。蚕豆原产亚洲西南和非洲北部一带。目前，我国主要分布长江以南各省。嫩荚4月份上市。嫩蚕豆浅绿色，肉质软嫩，可炒食或当荤菜配料，也可做汤。鲜豆也可干制，然后发成发芽豆，煮、炒、炸皆成美味。

（5）豌豆。豌豆又叫西湖豆，原产非洲，目前我国南北皆有栽种，为豆科豌豆属一年或二年生攀缘性草本植物。豌豆可分为粮用豌豆、菜用豌豆和软荚豌豆三种。粮用豌豆取豆弃荚。菜用豌豆嫩时豆荚也可食用，味鲜中略甜，适于煮或剥豆炒、烩。现有两种豌豆的改良品种，一种叫甜豆，豆荚深绿色，豆子小，豆荚嫩、脆，带有甜味，用于炒。另一种叫荷兰豆，荚薄、豆小，色碧绿，较嫩，用于炒或围边。

（6）豆芽。豆芽是某些豆类放入漏水透气的盛器中避光保温，经常洒水，促使其发芽。豆芽菜为我国特有的蔬菜。东汉时期被称"黄卷"的黄豆芽，原是作为中药使用的，到宋代正式成为蔬菜。这种蔬菜的栽培法，为世界上最早的无土栽培法。

1）绿豆芽。绿豆芽是干绿豆经泡发、孵化而成的豆芽。因其色白、亮，故又名银芽，掐去头尾后又称掐菜、豆莛。绿豆芽以豆瓣淡黄色，不绽开，不带幼牙，梗粗肥壮，主根短，无须根，不烂，洁白脆嫩者为佳。绿豆芽脆嫩、无异味、清淡爽口，在烹调中以原形使用，作主料适宜拌、烩、炒等旺火速成的烹调方法，可制作鸡丝拌银芽、掐菜炒鸡丝、油泼豆莛、金钩银菜、烩豆芽等菜肴。

2）黄豆芽。黄豆芽是干黄豆经水泡发而成的。黄豆芽以瓣黄色、梗白、无须根、豆瓣不散开为佳。黄豆芽在烹调中以原形使用，以炖、炒、煮汤较多。

四、豆制品类

豆制品指由黄豆深加工而成的各种制品。它在烹调原料中虽然占的比例不大，但在菜肴中无论是主料，还是配料都占有相当的比重，也是中国菜的一大特色原料。豆制品的品种比较常见的有豆腐、豆腐干、油豆腐、臭豆腐干、植物蛋白肉、腐竹与豆皮等，现分别介绍如下：

1. 豆腐

黄豆磨成浆，烧沸后点盐卤或石膏水，冷却凝结成块状即成豆腐。豆腐洁白软嫩，但多少带点碱味。现有内酯豆腐应市，改石膏水为葡萄糖酸内酯，不仅成品异常细嫩柔软且营养价值大大提高。传统豆腐又分为北豆腐和南豆腐，北豆腐泛指黄河流域的豆腐，较老；南豆腐泛指长江流域的豆腐，较嫩。

2. 豆腐干

豆腐干是凝结成的豆腐重压，除去水分后定型而制成的。它的营养素含量高于豆腐。其食用方法有切丝炒、切块烧、整块卤，也可切成极细的丝煮。如将豆腐压得薄如纸，称百叶（千张）。

3. 油豆腐

将豆腐压成 2 cm 见方的豆腐干，放油中炸成。豆腐干成三角形的即为油三角。油豆腐的营养价值同豆腐干，其食用方法为：红烧或塞肉红烧，也常用于做烧煮类汤菜的配料。

4. 臭豆腐干

臭豆腐干是将豆腐压成豆腐干后放在用腌菜水、鲜小鱼块、冬笋、白酒、香菇等制成的臭卤水中浸泡而成。其食用方法为红烧、清蒸、油炸。

5. 植物蛋白肉（素肉）

植物蛋白肉是大豆经脱脂处理后提取的一种组织蛋白。成品泡发后略似烤麸，呈片状，周身毛糙有孔。素肉蛋白质的含量高于一般动物肉类，尤其是赖氨酸含量丰富，对促进人体的生长发育、造血和构成骨骼都有重大作用。素肉有一股豆腥味，且其质感也类似烤麸。故一般就把它看作烤麸使用，可作素菜的配料。先加葱、姜汁上浆后，滑油再炒，这样能有肉的质感，最好再配一些味道稍浓的味型。

6. 腐竹与豆皮

腐竹又称豆笋，豆皮也称豆腐衣。腐竹与豆皮都是豆浆煮沸静置后表面结皮，捞出干燥而成。揭起卷裹成棒状称腐竹；揭起用细竹竿或草秆从中插入，挑起成双层半圆形，晾干后即成豆皮。腐竹和豆皮所含蛋白质高达 50% 左右，称得上植物原料含蛋白质之最。腐竹大多用于烩或作配料。豆腐皮多用来包卷原料放油中炸或炸后烧，也可作配料用。

五、花类蔬菜

1. 花椰菜

花椰菜又称花菜、菜花等。叶片长卵圆形，先端稍尖，主茎顶端形成白色或乳白色肥大的花球，为原始的花轴和花蕾。花轴分枝而肥大，先端集生无数白色或淡白色的花枝，成为球形，即为可食的菜花。我国温暖地区栽培较普遍。夏秋季收获。花椰菜以肥嫩、洁白、硬大、紧实、无虫蛀、无损伤为好。

2. 茎椰菜

茎椰菜通称青花菜，又称西兰花，主茎顶端形成大花球，表面小花蕾明显，较松、不密集成球。除主茎形成花球外，还能从下部叶腋抽生出众多肥嫩花枝，其嫩茎也可食用。茎椰菜耐寒和耐热力强，以春秋季节栽培为主，可陆续采收。茎椰菜原产意大利，从20世纪70年代以后我国由南到北逐渐有所栽培，一般夏秋季上市。茎椰菜在烹调中应用广泛，刀工成形以小块为多，作主料适宜于炒、拌、烩及作汤菜等。其色泽碧绿，可与众多色调的原料搭配，用作冷、热菜的装饰。

3. 食用菊

食用菊又称甘菊，为菊科茼蒿属中以花供食的栽培种，多年生宿根草本植物，我国各地均有栽培，尤以杭白菊出名。其花白，朵小，香味浓。烹调时可用于火锅，以及煮炖、炒菜中适量加入，可增香。

六、孢子植物类

孢子植物类包括食用菌及可食的藻类、地衣类等低等植物。食用菌、藻、地衣类蔬菜有平菇、海带、紫菜、石耳等，以干制品较多。随着科学技术的发展，有些菌、藻、地衣类蔬菜现已广泛人工栽培，有大量鲜品上市，这里主要介绍上市较多的几种食用菌鲜品原料。

1. 平菇

平菇又称糙皮侧耳、北风菌等，菌盖呈扇形或平展呈喇叭形，直径为5～21 cm，成熟时呈白色或灰褐色，菌盖的形状和色泽多有变异，有侧生的菌柄，菌褶向下延生，形如扇骨。

平菇现已被广泛人工栽培，成为家常广泛应用食用菌，是世界四大栽培食用菌之一。

2. 金针菇

金针菇又称金菇，是毛柄金钱菌的栽培变形体。因其菌盖微小如豆粒、色金黄，柄形细长似针而得名，现已广泛人工栽培。烹调多用作凉拌或炒菜配料。

3. 滑子菇

滑子菇又名珍珠菇、滑菇、光帽鳞伞，日本叫纳美菇。学名 pholiota namekio。在植物学分类上属真菌门、担子菌亚门、担子菌纲、伞菌目、丝膜菌科、鳞伞属。属于珍稀品种，原产于日本，因它的表面附有一层黏液，食用时滑润可口而得名。滑子菇多丛生，菌盖半圆形，黄褐色，上有一层黏液，菌柄短粗，直径 8～15 mm。滑子菇味道鲜美，营养丰富，是汤料的美好添加品。而且附着在滑菇菌伞表面的黏性物质是一种核酸，对保持人体的精力和脑力大有益处，并且还有抑制肿瘤的作用。

4. 鸡腿菇

鸡腿蘑的俗称，因其形如鸡腿，肉质肉味似鸡丝而得名，是近年来人工开发的具有商业潜力的珍稀菌品。鸡腿菇集营养、保健、食疗于一身，具有高蛋白、低脂肪的优良特性，且色、香、味、形俱佳。菇体洁白，美观，肉质细腻。炒食、炖食、煲汤均久煮不烂，口感滑嫩，清香味美。鸡腿菇的子实体为中大型，群生，菇蕾期菌盖圆柱形，后期钟形。高 7～20 cm，菌盖幼时近光滑，后有平伏的鳞片或表面有裂纹。幼嫩子实体的菌盖、菌肉、菌褶菌柄均白色，菌柄粗达 1～2.5 cm，上有菌环。

5. 白灵菇

白灵菇是一种食用和药用价值都很高的珍稀食用菌。其菇体色泽洁白、形体较大，肉质细腻、味道鲜美，营养丰富，含多种有益健康的矿物质，特别是真菌多糖，具有增强人体免疫力、调节人体生理平衡的作用。烹调常用加料蒸软再切片入馔。

6. 虫草花

虫草花是北冬虫草的简称，也叫蛹虫草或蛹草，俗名不老草。它主要生长在我国的北方地区。北虫草不仅含有丰富的蛋白质和氨基酸，而且含有 30 多种人体所需的微量元素，是上等的滋补佳品。"虫草花"并非花，它是人工培养的虫草子实体。虫草花在外观上最大的特点是没有了"虫体"，而只有橙色或者黄色的"草"。入馔主要当配料，提高菜肴档次，增加形态和色彩美感。

七、果品

1. 苹果

我国的苹果从黑龙江、吉林直到云南、贵州等地均有分布，主要品种有辽伏、红星、甜香蕉和金冠系、国光系、富士系等，自 6 月下旬至 11 月上旬先后成熟上市。在烹调中，多用于制作甜菜，也可用于热菜中作主配原料。制作的菜肴有拔丝苹果、蜜汁苹果、苹果鸡、八宝苹果等。

2. 梨

梨栽培分布在全国大部分地区，主要产区是辽宁、河北、山东、安徽等省，果实自 7 月陆续上市至 10 月下旬，主要品种有白梨、沙梨等。梨含有多种维生素和矿物质，经常食用有润肺清心、消痰降火的功效，除鲜食外，可用作炒、煮菜肴的配料，用于菜肴制作如鸭梨牛肉片、蜜汁整梨等。

3. 桃

桃原产我国，栽培分布很广，以华北、华东、西北各地栽培最多。桃的品种很多，从最早的 6 月份到最晚的 10 月份都有不同成熟期的桃被采收上市。按产地及特性可分为北方桃、南方桃、黄肉桃、蟠桃、油桃五个品种群。鲜桃肥嫩多汁，渣少味浓，香甜适口，常用于水果拼盘以及蜜汁、拔丝、蒸煮等类菜肴。

4. 柑橘

柑橘原产我国，目前我国中部和南部地区均有栽培，深秋之后为柑橘上市旺季。我国柑橘主要包括柑类、橘类和甜橙。柑类果实大，近于球形，果皮海绵层较厚，橘络较多，剥皮稍难；橘类果实小而扁，皮薄而宽松，果皮易剥离，橘络较少，种子尖细，不耐储藏，早熟；甜橙果实近于球形或卵圆形，皮薄而紧，光滑，难剥离，中心柱充实，种子呈楔状卵形，果实汁液多，味酸甜可口，品质佳，耐储藏。柑橘的著名品种有芦柑、潮州蕉柑、温州蜜柑、浙江黄岩蜜橘、江西南丰蜜橘、广东新会甜橙等。柑橘含维生素 C 较多，还含有人体所必需的多种维生素和矿物质。除生食外，柑橘常用来制作甜菜和冷盘，还可制作菜肴，如拔丝蜜橘、早红橘酪鸡等。

5. 香蕉

香蕉在我国南方栽培较广，盛产于云南、广东、福建、台湾等地，果长柱形有棱，肉质熟时呈黄色。我国栽培的香蕉品种较多，主要有粉蕉和甘蕉两大类。香蕉除生食外，还可以用作拔丝、蜜汁、软炸等甜菜及其他多种加工制品。

6. 山楂

山楂又名红果、山里红，果实近球形、红色，有淡褐色斑，味酸中带甜，营养价值很高，我国辽宁、河北、河南、山东、山西、江苏、云南、广西等地都有栽培。山楂品种繁多，一般 10 月中旬采收、较耐储运。山楂果实营养丰富，含有碳水化合物、蛋白质、脂肪及多种矿物质和维生素，除供鲜食或做成蜜饯外，还可制成各种糕点的馅心及制作蜜汁果糕等甜菜，烹调中常用山楂糕调制糖醋卤。

7. 菠萝

菠萝又名"凤梨"，产于热带和亚热带地区，盛产于我国福建、广东、海南、广西和台湾等地。菠萝果实较大，呈圆筒形，外皮厚，有鳞片牙苞，果肉为深黄色，脆甜多汁，微酸，有特殊香味，清凉爽口，有后熟性能。菠萝肉可制作甜菜、甜羹菜，也可作炒制肉菜的配料，或取汁供调味，也可作盛器装菜肴。

8. 荔枝

荔枝又名丹荔，为我国南方特产珍果，主要产地在广东、广西、福建、四川、云南、台湾等地，果实呈心脏形或圆形，果皮布满鳞斑状凸起，呈鲜红、紫红、深红、青绿或青白色。果肉（假种皮）新鲜时呈半透明凝脂状，多汁，鲜美甘甜且含芳香味。荔枝的品种甚多，主要有广东的糯米糍、桂叶妃子笑，以及福建的黑叶等，一般在 6—7 月份上市。荔枝除鲜食外，还可入菜甜冻、甜汤类菜肴。

9. 草莓

草莓又名洋莓果，为多年生常绿草本植物的果实，我国许多地区有栽培，一般在 3—5 月份即可上市。草莓浆果的形状有圆锥形、鸭嘴形、扁圆形、荷包形等，色深红，肉纯白，柔软多汁，味芳香。除生食外，草莓拌奶油或甜奶可制成奶油草莓，可加糖熬成草莓酱，或用于围边点缀。

10. 樱桃

樱桃又名含桃，主要产区有山东、江苏、河南、安徽、浙江、陕西、甘肃、内蒙古、辽宁、新疆等地，可分为中国樱桃、甜樱桃、酸樱桃和毛樱桃四大类，以中国樱桃和甜樱桃为好。

樱桃一般初夏成熟，为早熟水果之一。果实圆而小，球形、果柄长、鲜红色、光亮，味甜中带酸，是水果中的珍品，其含铁量在水果中居首位。常食樱桃对人体有调中益脾的功效。樱桃除鲜食外，在烹调中最适宜做各种特色菜肴的点缀，常用于冷盘和甜菜。

11. 西瓜

西瓜在我国除少数寒冷地区外，南北皆有栽培。西瓜品种很多，各地均有优良的品种，果实呈圆形或椭圆形，表皮有不同的颜色和花纹。瓜瓤有深红、淡红、黄、白等颜色，个体较大，浆液甚多，味美甘甜，清凉爽口，是人们夏秋季最喜爱的水果。西瓜含有苹果酸、磷酸和其他多种氨基酸，能消暑解渴，并有利尿消肿的功效。除生食外，可制作"盅"式菜，如时果西瓜盅、西瓜鸡等，还可制作拔丝西瓜等菜式以及制作西瓜冻、西瓜酪、西瓜糕、西瓜酱等。

12. 哈密瓜

哈密瓜是甜瓜的一个变种，我国主要产于新疆哈密、鄯善、吐鲁番等地。夏季瓜 7—8 月份成熟，冬季瓜 9 月份成熟。果实较大，呈卵圆形、橄榄形。果皮黄色或青色，有网纹，果皮、果肉都较厚，肉质初脆嫩后绵软，瓤肉青或带红色，佳品味浓香甜，含糖量一般可达 8%～15%。清凉爽口，风味独特。哈密瓜既可生食、制作水果拼盘，也可做某些热菜的配料，甚至经雕刻后用来做热菜的盛器。

第5节　干货原料的品种及特点

干货原料是指动物性或植物性原料经腌制、腊制、脱水等方法加工后的制品。干货原料含水量少，不易变质，便于储存、运输，许多原料干制后还能形成特殊风味。我国很多珍贵的烹饪原料都是加工干制品，按干制品原料的属性分类，可归纳为动物类干料和植物类干料两大类。这里介绍一些常用的干料。

一、动物类干料

1. 干肉皮

干肉皮又名皮肚，由鲜猪后腿皮及背皮晒干而成，皮坚而厚，涨发性好。

干肉皮经涨发后，可切丝、片等形状，适宜于拌、烧、扒、做汤等烹调方法，可制作拌皮丝、烧皮肚、扒皮肚等菜品。

2. 蹄筋

蹄筋是由猪的前后蹄中抽出的筋干制而成的，质硬，略呈透明状。从后蹄中抽出的筋长而壮，质量好。

蹄筋在烹调中应用较广泛，经涨发后，作主料宜于烧、扒、拌等烹调方法，可制作肉末蹄筋、红烧蹄筋、雪花蹄筋等菜肴。蹄筋本身无鲜味，在制作菜肴时要注意增加鲜味。

3. 鱿鱼

鱿鱼也称枪乌贼，软体动物，体内含赤、黄、橙等色素，在水中能随环境颜色的变化而变化。腹部为筒形，头部生有八只软足和两只特别长的触手。除一个口腔外，只在背脊上有一条形如胶质的软骨。鱿鱼除鲜食（食法类似墨鱼）外，主要是制干，把鲜鱿鱼自腹部至头部剖开，挖去内脏放入盐水洗净，再以清水洗后晒干，数层重叠，略加压力，晒干即成鱿鱼干。鱿鱼产于我国广东、福建、浙江等沿海各地，日本、越南、朝鲜也产。鱿鱼鲜品或干品涨发后适用于爆、炒、烧、烩、氽等烹调方法。

4. 海参

海参又名海鼠，体呈圆形，口在前端，口周围有触手，肛门在后端，骨骼为各种微小的石灰质骨片。海参的生长地域很广，遍布世界各大洋，据查我国近海沿岸有 20 余种海参可供食用，其中刺参、乌参、乌元参、梅花参等经济价值最高。产于我国西沙群岛的梅花参是海参中最大的一种。这种参制干后呈椭圆形，表面凸起较密的肉刺，有 5 mm 高，每3~11个肉刺基部相连，呈花瓣状，黑灰色。每个有1 kg左右，特大的每只长达1 m，泡发时要特别注意保护表面花瓣，发好后呈老黄色。

5. 干贝

干贝是以软体动物斧足纲扇贝科和栉孔扇贝科、江珧科动物的闭壳肌干制而成。干贝只有一个柱心，江珧有两个柱心，后者称珧柱。我国南北沿海均产。质量以粒大、颗圆、整齐、干燥、微有光泽、颜色淡黄稍白、口味鲜淡、有甜味感为上等品；色老黄、粒小、稍有残缺的为次品；色泽深暗或呈黑黄色的质量更次。干贝可和其他原料配合做菜，也可单独做菜，一般适于烧、烩、炒、酿、氽汤等。

6. 海蜇

海蜇是一种腔肠动物，学名水母。海蜇呈伞形，在水中飘浮，产于我国沿海各地。夏季是捕捞季节，捕捞后加明矾和盐紧压，除去水分，洗净后再用盐渍，伞部为蜇皮，口腔称为蜇头。海蜇按产地分有南蜇、东蜇、北蜇等种。南蜇以福建、浙江所产最好，个大、浅黄色、水分大、脆嫩；东蜇产于山东烟台，又有沙蜇、棉蜇之分，沙蜇泥含于肉内，不易洗掉，碜牙，棉蜇肉厚不脆；北蜇产于天津北塘，色白个小，比较脆嫩，质量较次。海蜇用作凉拌菜为最多，也可熟吃、炒食或氽汤。

7. 海米

海米又称虾米，产于辽东半岛、山东半岛、河北沿海、舟山群岛等地。产期分春秋两季，春季为3—6月中旬；秋季为7—10月下旬，以秋产的为最好。虾米的品质一般以身干、色艳、口淡、个粒整齐为佳，产于龙须岛的金钩海米质量最优；产于海河口盐滩沟的为勾米，其色鲜红；胜芳产的为河米，个粒较小；洪湖产的为湖米。大虾干、钳子米以渤海、黄海产的味最鲜美。虾米可作汤、菜肴的配料。

8. 虾子

虾子即虾卵的干制品，产地同虾米。食前将虾子用温水淘洗干净，泡软即可使用；也可用凉水淘洗后加水，上笼蒸软。虾子可做菜肴的辅料或调味品。

9. 牡蛎干

牡蛎俗称海蛎子、蛎黄，沿海港湾的岩石上均有牡蛎生长，其中以广东省产量为最多。干品又称蚝豉，干制的牡蛎浓缩了鲜味，营养丰富。泡发后烧焖食用。

10. 乌鱼蛋

乌鱼蛋是雌性乌贼的缠卵腺，名为蛋，实则是成圆片状的卵片，因整齐排列在膜皮的包裹下而呈卵圆形故名。有鲜品也有干品，鲜品需要冷冻储存。鲜乌鱼蛋洁白，干品呈褐黄色，主要产于山东日照。乌鱼蛋鲜品可直接应用，除产地外干品较多，干品泡发后使用。乌鱼蛋在烹调中多作主料，适宜于烩或制汤等烹调方法，可制作烩乌鱼蛋、酸辣乌鱼蛋等菜肴。乌鱼蛋在烹调中不需要刀工加工，多为原形或剥成片使用。

11. 海螺干

海螺干是用红螺、香螺、玉螺等鲜螺加工晒干而成的熟干品。海螺干肉味鲜美，含有丰富的蛋白质和无机盐，主要产于渤海沿海，如辽宁的大连、天津的塘沽、山东的烟台等地，产期5—8月份。海螺干以大小均匀、肉体完整、无破碎、色淡黄、有光泽、体净无异味、干度适中、无杂质者为上品。海螺干主要用烧、炒、氽、烩等方法。

12. 银鱼干

银鱼干是用江、湖产的银鱼晒干而成，有大、小银鱼之分。银鱼的种类很多，其中以太湖短吻银鱼加工而成的银鱼干质量最好。银鱼干的主要产地为太湖、洪泽湖等地，主要产期为5—9月份。银鱼干以纯干、鲜亮、半透明状、大小均匀、无杂质为佳。银鱼干泡发后可氽汤、炒鸡蛋等。

二、植物类干料

1. 紫菜

紫菜是海中红藻类植物，生长于浅海岩石上，富含蛋白质和铁、磷、钙等物质，分布于我国辽东半岛、山东半岛及浙江、福建沿海，分野生和人工养殖两种。紫菜多以干制品上市，其品质以深褐色或黄褐色、表面油亮有光泽、菜质柔嫩、无杂藻和砂粒等杂物的为上好品。紫菜食用简便，用不着提前发制，一般都是做汤，吃时加调料，用开水冲沏即可，味道鲜美。

2. 海带

海带是一种褐藻，藻体褐色，一般长2～4 m，最长达7 m，可分固着器、柄部和叶片三部分。固着器又形成分枝用以附着海底岩石；柄部粗短，圆柱形；叶片狭长，带形生长在水温较低的海中，分布于我国北部沿海及朝鲜、日本太平洋地区沿岸，我国北部及东南沿海有大量养殖。在所有食物中，海带含碘量名列第一，因此，有治疗甲状腺肿大的功效。海带可以凉拌食用，也可以加热炒菜，如酥海带、如意海带卷等。

3. 石花菜

石花菜是海产红藻之一，藻体呈黄白色，羽状分枝，生长于中潮或低潮带的岩石上，分布于我国黄海、渤海、东海以及朝鲜、日本等沿海，供食用，也可用于微生物培养和制作食品、医药工业的琼脂。石花菜泡发后可做凉拌菜。

4. 琼脂

琼脂又称冻粉、洋菜，是采用海藻类石花菜等为原料，除净杂质，用沸水溶化，提净沙子，凝结后干制而成，它是一种多糖胶质。琼脂外形有细条、长条、薄片、小块等多种不同形状，以细条为佳。琼脂在热水中溶解，冷却后形成凝胶，是烹饪中良好的凝结剂，比如制作甜菜杏仁豆腐。琼脂用凉水泡软即可食用，一般常做拌凉菜，如鸡丝拌洋菜，溶化后可用于做冻菜。

5. 玉兰片

玉兰片是南竹未出土或刚出土的嫩笋干制品，因其形状似玉兰花瓣，故名玉兰片。玉兰片质脆嫩，主要产地为湖南、福建、浙江、湖北等地。玉兰片有冬片、桃片、春片之分。冬片即用立冬至立春之间尚未出土的冬笋干制而成，色泽黄白、鲜嫩、洁净、肉厚，体长 13～15 cm，质量最佳。桃片即用立春至谷雨间出土的笋干制成，因出土时正是桃花盛开期，故称桃片。桃片比冬片大，比春片小，肉厚，质脆而嫩，节较稀疏，体长 15～25 cm。春片是从清明至谷雨间的笋干制品，片大，肉质比桃片粗老，纤维多，肉薄节疏。玉兰片在烹制菜肴中使用非常广泛，泡发后可以切成各式各样的片、丝、丁，主要做各种菜肴的配料，有时也作主料。

6. 金针菜

金针菜又名黄花菜。干黄花菜以黄花菜的花苞（含苞待放的花蕾）经热水浸烫后干制而成，也有直接晒干的，其色泽金黄，富含胡萝卜素和磷、钙、铁等矿物质，主要产于湖南、山西、江苏、山东、河南、四川、安徽等省。干黄花菜可做菜肴的配料，又是制作素菜的主要原料之一。现在也有用新鲜黄花菜做凉拌菜或炒食的。

7. 百合

百合系多年生草本植物，地下有扁形或圆形鳞片，肉质肥厚，可供食用或药用，我国各地均有出产，以兰州的百合质量最好。百合一般作为甜食的原料。新鲜的百合可配以西芹炒制。

8. 发菜

发菜藻体细长，黑绿色，呈毛发状，主要分布于我国宁夏、陕西、甘肃、青海、四川等地。

市场上见到的是它的干制品。发菜富含蛋白质和钙、铁、磷等，主要用于做花色菜肴的铺料，如酿金钱发菜、发菜蚝豉等菜肴。发菜因谐音"发财"，故香港等地对发菜钟爱有加，常用于高档菜肴。

9. 黑木耳

黑木耳状如耳朵，系寄生枯木上的一种菌类，褐色，湿润时呈半透明，富含铁、钙、磷和维生素 B_1 等，质地柔软滑润而厚实，清脆可口。

黑木耳在我国分布较广，其中湖北、湖南、四川、贵州、陕西、黑龙江为主要产区。3—5 月份生产的为春耳，6—8 月份生产的为伏耳，9—10 月份生产的为秋耳，其中以伏耳质量最好。黑木耳以做辅料为主，食用方法很多，荤素皆宜，炒、烩均可。

10. 银耳

银耳又称白木耳，属于木质寄生菌类，实体状以鸡冠或花瓣，产于我国四川、贵州、湖北、陕西、福建等地。

按照传统做法，高级宴席上，上甜品燕窝就要跟上一道银耳汤。银耳是一种名贵的滋补品，含有丰富的胶质、多种维生素和17种氨基酸及肝糖。银耳有补肾、润肺、生津、提神、益气、健脑等功效，因此又是一种药用菌。银耳在副食中是珍贵品种，吃法多以炖汤为主，如清汤银耳、冰糖炖银耳等。

11. 香菇（香蕈）

香菇的种类有冬花菇、冬厚菇、冬薄菇、平菇之分，是蘑菇类中营养价值最高的一种，主要产于浙江、福建、江西、安徽等省山林地带。香菇味鲜而香，为优良的食用菌。烹调可烧、煮，担当主料或配料。

12. 口蘑

口蘑是蘑菇的一种，因从前曾以河北省张家口为集散地而得名。主要产于我国内蒙古草原及河北张家口的北部，以内蒙古锡林郭勒盟的产量较高，质量也好。可做各种荤素菜的配料，炒、烧、酿、氽汤均可。

13. 竹荪

竹荪也称僧竺蕈，又称竹参，是野生在大山区的竹类（苦竹较多）根部上面的一种隐花菌类植物。未成熟前呈卵形、赤褐色；成熟后形似伞，又似绿纱灯罩，茎圆柱形，顶端半开网状，网上有黑旋，底端有壳，壳内有胶状物，质松脆，体中空，味道香甜鲜美，并含有丰富的蛋白质、脂肪、糖类等营养成分，是一种名贵的原料，被国内外誉为山珍之王。竹荪主要产于四川、贵州、湖北等地，成品以色洁白、身干、体壮、肉厚、茎长至20 cm、松泡无泥沙为上品，多用于高级筵席，如竹荪鸽蛋、蝴蝶竹荪等。近年有人工培植品，质稍逊。

14. 梅干菜

梅干菜又称咸干菜、梅菜，它是用雪里蕻或用芥菜腌制的干菜。主要产于浙江绍兴、慈溪、余姚、萧山、桐乡等地和广东惠阳一带。梅干菜以色泽黄亮、咸淡适度、质嫩味鲜、正常香气、身干、无杂质、无硬梗者为佳。

梅干菜在食用前，用冷水迅速洗净便可蒸、炒、烧汤，制成荤素食品，如梅菜扣肉、虾米干菜汤、面筋干菜汤。特别是梅干菜烧肉或蒸肉，是江浙一带脍炙人口的家常菜，菜透肉味，肉具菜香，油而不腻，入口鲜、香、糯、甜。即使在盛夏酷暑，放2~3天也不会发馊变质。

梅干菜煮烂切碎配猪肉调制包子馅心也别有风味。

15. 腰果

腰果是常绿乔木腰果树的坚果，原产巴西，现已遍及亚洲、非洲的热带地区，我国海南岛也有种植。腰果的果实呈心脏形或肾形，长约 25 mm，其因形似鸡腰果。腰果富含蛋白质、脂肪、糖类以及维生素，营养丰富，味香可口，风味超过花生仁，是世界著名的干果之一。烹调用油炸、烘烤后，可做挂霜腰果或做配料，名菜有油炸腰果、腰果鸡丁、腰果虾仁等。

16. 松仁

松仁是红松、华山松、白皮松等松树的种子，产地分布较广。松仁富含脂肪和芳香物质，可榨油及炒、炸，香酥味美，风味独特。烹调主要用作配料或点缀料。

17. 花生仁

花生仁是花生种子去壳后的可食部分。我国栽培花生范围较广，以黄河下游各地为最多，通常 9—10 月份成熟，主要类型有普通型、多粒型、珍珠豆型、蜂腰型四种。花生果实呈长圆、长卵、短圆等形，有淡红、红等色，表面裹有一层可剥离的仁衣。花生仁为白色，富含蛋白质、脂肪，熟食味香而脆，烹调中常用以炒、煮、炸、挂霜等方法制作菜肴。花生仁还是宫保类菜肴不可缺少的主要配料，也可用盐水煮制后制作小菜。

18. 杏仁

杏仁品种较多，著名品种有白玉扁、龙王帽、北山大扁、九道眉等，通常又分为苦杏仁和甜杏仁两类。苦杏仁含苦杏仁甙，不宜食用，一般供药用。甜杏仁味稍甜、清香，主要产地在河北、山东、山西、陕西、新疆、内蒙古、甘肃和辽宁等省区。杏仁营养价值较高，除含有蛋白质、脂肪、糖类之外，还富有含磷、钙、铁、钾等矿物质；其含油量高、在烹调中应用广泛，除作凉菜外，还可以作各式菜肴的辅料，尤以作甜点馅心较多，如五仁包、五仁月饼等，又可制作杏仁豆腐等甜菜。

19. 板栗

板栗也称栗子，我国黄河以北各地区多有栽培，9—10 月间成熟。板栗坚果每个重9～15 g，呈圆形或底圆顶尖，果皮呈红或深褐色，有光泽，果顶附近有黄色毛蓉、栗肉肥厚甘美，清香叶甜，营养丰富，淀粉、脂肪、蛋白质含量高，并含有多种维生素。板栗的著名品种有山东的红丰栗、红光栗、油栗，河北的明栗，江苏的处暑红等。另有长江流域和江南各地栽培的珍珠栗，其壳内包藏一卵形坚果，味同板栗。板栗可磨粉制成糕点、糖果等。烹饪中常作为菜肴的主料或配料，如栗子黄焖鸡、栗子肉等。

20. 核桃

核桃也称胡桃，主要栽培地区在山东、山西、河北、陕西、新疆等地。品种较多，各地名称不一，如根据取仁难易可分为绵核桃、夹核桃；根据果壳厚薄可分为露仁核桃、薄壳核桃和厚壳核桃；还有以产地命名的新疆核桃、青州核桃等。核桃坚果一般重 12 g 左右，壳薄，表面光滑，有明显缝合线，卵圆形或近椭圆形，9 月中旬成熟。核桃仁含丰富的脂肪和蛋白质，含量尤高，一般可达 60% 以上，并含有较多的无机盐如钙、磷、铁、钾和多种维生素，营养价值高，为著名的滋补食品，具有通润血脉、补气养血、润燥化痰、温肺润肠的功效。核桃仁可单独挂霜、琉璃作甜菜，也可作菜肴的配料，较有名的有桃仁虾片、琥珀核桃等。

21. 莲子

莲子为水生草本植物莲藕的果实，又名藕实、莲心。果实呈椭圆形或卵形，果皮坚硬，内有种子即莲子，可鲜食。我国长江中下游和广东、福建都有栽植，以湖南产品最佳，福建产量最大。莲子一般从大暑开始至冬至陆续成熟，大暑前后采收的叫优莲（夏莲），其颗粒大而饱满，壳薄肉厚，涨性好，养分充足，入口软糯；立秋后采收的称秋莲，颗粒细长而瘦，涨性差，入口粳硬。莲子的品种较多，较著名的有湘莲、白莲、红莲等。莲子富含蛋白质、脂肪、糖及钙、磷、铁等矿物质，有益心、益肾、补脾之效，是常用补品之一。烹调方法以蒸、煨、烩、煮最为常见，可用于扒、拔丝、蜜汁等菜式，可作主料，也可作配料，调味可甜可咸，可配鸡、鸭、海参等动物性原料，也可配冬瓜、白菜等蔬菜，此外，还可加工成蜜饯和糕点的馅心，也可做莲子粥等小吃。

22. 桂圆

桂圆又名龙眼，原产亚洲热带，我国南部和西南部等地都有栽培，以福建最多。桂圆的果实呈球形、壳淡黄或褐色，质薄而光滑，果肉（假种皮）白色、透明、多汁、味甜，蛋白质、矿物质和维生素的含量较其他果品多，营养价值较高，并有益胃、健脾、补虚、增智效果，为我国传统补品之一。鲜桂圆加工后可制成桂圆干。桂圆干可以煮制成甜菜，或作甜点的馅心等，也可用于咸品菜，如桂圆炖肉等。

23. 红枣

红枣是由充分成熟的鲜枣经晒制而成。我国枣的品种约有 400 多种，主要产地在河北、山东、河南、陕西、甘肃、山西等地，以地区的不同，可分为南枣和北枣两个类型；以果型和生长特性不同又可分为大枣和小枣两大类。红枣果实一般为长圆形，成熟后深红色，著名品种有山东乐陵的金丝小枣、河北沧县和山东庆云的无核枣，以及浙江的义乌大枣等。红枣营养丰富，肉甜质软，尤以维生素 C 含量最高，每百克鲜枣中含 0.5～0.8 g，比柑橘高 7～10 倍，在水果中占第一位。另外，其含糖量丰富，自古以来就是我国人民的补养食品。在烹调中常用来制成枣泥馅料、蜜汁红枣、八宝饭（粥）及其他甜菜，也可作某些咸菜品的配料，名菜有江苏的虫枣炖甲鱼、湖南的拔丝枣泥羊尾、山东的八宝梨罐、陕西的还阳枣等。

24. 葡萄干

葡萄在我国栽培较广，主要产地在新疆、甘肃、山东、山西、河北、辽宁等地，著名品种有巨峰、先锋、玫瑰香、法兰西、龙眼、无核白、牛奶等，成熟期自 7 月上旬至 10 月上旬，浆果多为圆形或椭圆形，酸甜可口，汁液丰富，含有较多的葡萄糖、酒石酸、维生素等，营养价值高。鲜葡萄经脱水后便成了葡萄干。葡萄干品种较多，以新疆吐鲁番生产的最好。葡萄干甜蜜鲜醇，不酸不涩，柔软筋道，风味独特，既宜零食，又可作面包、糕点的配料以及作甜菜等。

25. 白果

白果即银杏树的果仁，为我国特产，外表有白色或略显光滑的硬壳，果仁为浅绿或浅黄色，肉质软中略糯。白果富含蛋白质、脂肪及磷、钙、铁等矿物质和维生素，但有微毒，不宜多食，烹调中常用作配料，如白果鸡丁、白果虾球等，也可做成拔丝白果、蜜汁白果等。

26. 薏米

薏米又叫六谷米，呈卵圆或椭圆形，壳呈灰白或棕黑色而有光泽，去壳后的米仁为白色，多产于广西桂北山区的越城岭一带。薏米仁富含淀粉，并含蛋白质 16.2%、脂肪 4.65%，具有健脾润肺、清热利湿、抗癌等功效，熟食糯性强，口味鲜香，菜肴如薏米煨猪脚、薏米煨排骨等。

27. 橄榄仁

橄榄仁又称乌榄仁，为橄榄科植物乌榄的核仁，主要产于广东、广西。乌榄于 8—9 月份成熟，摘下后浸于清水中使果肉变软，然后剥去果肉晒干，砸核取仁。烹调时将榄仁褪去红皮炸脆后作配料或挂霜作甜菜。

28. 芡实

芡实又称鸡头米，是睡莲科植物芡的种子，成品全身有刺，生于水中，每年 9—10 月份收获，剥壳取肉，色白而脆，含淀粉量大，烹调多用于甜品，做汤，也可做炒菜的配料。

思 考 题

1. 烹饪原料按性质可分为哪几种？
2. 请说出猪的品种及其特点。
3. 请说出牛的品种及其特点。

4. 请说出羊的品种及其特点。

5. 请说出鸡的品种及其特点。

6. 请说出鸭的品种及其特点。

7. 请说出鹅的品种及其特点。

8. 我国的四大养殖"家鱼"是指哪四种？

9. 水产品按生物学可分哪七大类？

10. 请说出贝类的品种及其特征。

11. 常用的蔬果原料怎样分类？

12. 请说出常用蔬果原料的别名、特点及上市季节。

13. 常见干货原料有哪些品种？各有什么特点？

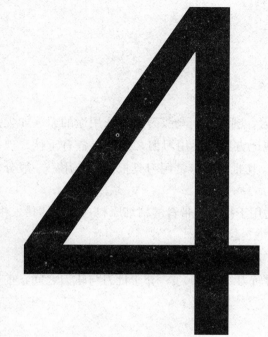

第4章

原料的加工

第1节　原料的加工工具和设备的使用与保养

一、刀具的种类与保养

1. 刀具的种类

刀具的种类较多，根据形状可分为方头刀、圆头刀、马头刀及特殊用途的刀（如尖头剔刀、雕刻刀等）。常用刀具的形态主要体现地方厨师使用习惯，其特点各有千秋。现在最常用的厨刀是方头刀，因其锋口长，推拉、切批自如。常用刀具根据其作用，一般分为批刀、斩刀、前批后斩刀三种。

（1）批刀。批刀约重500 g，轻而薄，适用于批切不带骨的精细原料，如片切猪、牛、羊、鸡肉等。

（2）斩刀。斩刀约重1 000 g，刀身重，刀刃厚钝，适用于砍带骨、坚硬的原料。

（3）前批后斩刀（又称文武刀）。前批后斩刀约重750 g，介于批刀与斩刀之间，前薄后厚，功能也兼有批、斩的功用。

2. 刀具的保养

（1）刀用完后，用洁布擦净晾干或涂少许油，防止刀身氧化生锈，失去光度和锋利度。

（2）刀用完后，要插在刀架上，不要随手乱放，避免碰损刃口。

（3）刀要经常磨，磨刀时要站立自然，用力匀称，做到磨的正反次数一致；磨两头带中间；刀要磨出刀砖。现在也有另一种磨法，将刀身头前把后、前后纵向推拉，让刀口与刀砖保持一定角度，正反磨。

要鉴定磨好的刀是否锋利，可以将拇指轻轻放在刀刃上，与刀锋成90°角轻拉，有明显牵扯感为锋利；也可以将刀刃对光，锋口没有白线为锋利。

二、砧板的选择与保养

厨具中的砧板以银杏木为最佳，因其通透性好及木质细腻，不伤刀又不易起屑。现在也有塑料和尼龙制的砧板，比较干净且耐用。砧板在使用保养时要注意以下几点：

第一，木质新砧板使用前需用盐卤浸泡数日，压出浆汁，使砧板保持湿润、不燥不裂、结实耐用，并在表面涂一层素油，使之渗入木纤维之中，有利于防裂。

第二，砧板在使用时，不应专用一端，要不时旋转，保持砧板磨损均匀，避免常用的一面出现凹凸不平。一旦出现不平，可用专用铲刨掉或用刀、斧铲平。

第三，砧板用完后，要刮洗干净，竖起，用洁布罩好，放通风处，以备再用。

三、绞肉机的使用和保养

绞肉机装配的顺序与其型号和粉碎产品的用途（肉馅、肉饼或肉馅酱的用料）有关。通常，装配绞肉机时，先把它的壳体装在传动装置上，然后把螺旋推进器安装在壳体里，再在它的销轴上按照一定的顺序装上配套的切削刀具。

绞肉机装好后，把夹紧螺母松开半圈，并在电动机启动后再扭紧，直到减速器发出的声音稍有增大为止。

绞肉前要剔除骨头和筋，用木质的推杆把 50～200 g 待绞的肉或鱼的小块推进绞肉机的喉颈里，供料应均匀、充足。绞肉机要周期性停转，以便清除切削刀具上的筋和软皮。绞完肉后，利用手轮或专用扳手，从绞肉机壳体里取出螺旋推进器、刀子和刀格栅。要先用湿布擦洗绞肉机，然后用干布擦干。要清除加工室、螺旋推进器、刀子和刀格栅上的馅渣，用热水清洗后吹干。

操作及保养时严禁用手把肉推向螺旋推进器，没有保护圆环时不许在绞肉机上工作，在工作时不许无人照料绞肉机，不许用绞肉机粉碎面包干等硬性原料，因为这将导致切削刀具很快磨损。平时要注意绞肉机润滑部位的加油保养，用后要注意清洗干净。

四、微波炉的使用和保养

厨房常用台式微波炉，可以放在任何水平的位置上。在煤气灶或电灶上烹制的食物，绝大多数都能在微波炉里烹制。此外，它还能用于解冻、回热菜点、加热盘子及消毒等。微波炉一般不设恒温器，只要按使用说明书中确定的烹制时间烹制，就不会有过热或烧焦现象。一般来说，烹制时间与下列因素有关：

第一，烹制品的厚度与形状。烹制同一食品，长而薄的烹制品比短而厚的烹制品所需烹制时间要短。所以，烹制品切片时可考虑切得适当薄一些。

第二，烹制品总重量。所烹制食物的总量越重，所需加热时间越长，但它们不成正比关系。

比如：烹制一份土豆需 3.5～4 min，两份并不需 7～8 min，而仅需 6.5～7 min，三份则需要 8.5～9 min。

第三，烹制品的密度。疏松的食物能较快较多地吸收微波，升温较快。密度较大的食物则升温较慢。

微波炉对烹饪容器不仅在材质上有一定要求，而且容器的形状、大小也影响着烹制效果。常用容器材料主要有草、木、竹、纸、玻璃、陶瓷、纯棉、麻布和热固性塑料。对于烹制效果来说，浅盘比深盘好，小盘比大盘好，圆形盘比方形盘好。

微波炉在使用时要注意安全和保养。不加热食物时不能通电，否则将损坏磁控管；绝不能把金属器皿放入炉内，否则金属器皿将反射微波而使食物得不到加热，而且还会造成高频短路，损坏磁控管。在微波炉工作时不宜查看磁控管、波导等部件，以免受微波辐射，应定期检测微波的泄漏量，以确保人身安全。

五、卡式炉的使用和保养

卡式炉常被用来做火锅、锅仔菜和煲仔菜，营造热气腾腾的效果。

1. 卡式炉的使用方法

（1）正确安装燃气罐。按要求将燃气罐装入炉上，注意调节气掣与卡式燃气罩上过气接头相连；检查是否有漏气现象（如漏气则会发出"咝咝"声）。

（2）打火。按打火钮将火点着。如反复两三次都打不出火，则需停止片刻，待石油气散发再打火，以免发生危险。注意：炉盖需紧贴炉火才可打火。

（3）火力控制及熄火。可根据需要调整火力大小。用完后，将开关扭至"关"的位置上，取下卡式燃气罐。

2. 卡式炉的使用要点

（1）保持通风良好，远离可燃物、暖气、电气设备等。

（2）保持清洁，避免沙尘进入炉内，保证开关等处于正常工作状态。

（3）使用时应有人看管，防止因火熄灭而漏气。

（4）不得并排使用两个卡式炉，使用中不要搬动卡式炉。

六、冰箱的使用与保养

冰箱（冰柜）是每个厨房的必备设备，正确使用与保养能延长它的使用寿命。

1. 冰箱的使用

（1）安放。冰箱放置的场所应远离热源（如火炉、暖气片等），否则会影响冷凝器的散热效率。同时，潮湿的环境会使冰箱受到腐蚀，而且打开箱门时较多的湿气进入冰箱会使凝霜加快，故冰箱也不宜放置在潮湿环境中。

冰箱的背部应离墙壁 10 cm 以上，以保证冷凝器有良好的自然对流条件。同时，冰箱如果放置不当，会增大压缩机发出的噪声，因此冰箱应平稳地放置在坚实的地面上。

为了确保人身安全，必须使用三孔带接地线的电源插座插头，使冰箱外壳可靠接地。

正常情况下，冰箱的冷冻室温度调至-18℃，冷藏室温度在0～2℃。

（2）食物的储存。冰箱内不可存放过量的食物。一般来说，每10 L容积可负担的食物重量不可超过1.5 kg，食物间要有10 mm以上的间隙，以利箱内冷气对流。放入冰箱的食物应分类，并经整理和清洗。

蔬菜、水果等在清洗后应将水分晾干或擦干才能放进冰箱。为了节省电力，热的食物在放入冰箱前应在箱外自然冷却到室温。凡是玻璃瓶装的液体应放在箱门下层的瓶框内，切不可放入冷冻室，以免将瓶冻裂。欲冷冻的食物（如鲜肉、鲜鱼等）应先放在干燥的托盘内再放进冷冻室，以免与蒸发器冻结在一起。易串味食品（如鱼、羊肉）应放在带盖的盒子里或塑料袋中。冷冻食品一经解冻就不应再行结冻，因为会影响食物的质量和味道。如再结冻，保存时间也不宜过长。食物宜集中存放，尽量减少开门次数，开门时间要尽可能短。

2. 冰箱的搬运和日常维护

（1）搬运。冰箱比较娇贵，搬运时应从底部抬起，轻搬轻放，切不可抓住门把手或冷凝器等部位，以免弄坏或变形；内胆中的部件应取出，以防跌落碰撞产生裂纹。搬运过程中不能使冰箱倒置或倾斜角度过大，因为压缩机底部有适量的润滑油，倒置或倾斜过大会使油液进入制冷系统，影响制冷剂的循环。同时，冰箱倒置还会引起压缩机减振弹簧脱钩。强烈振动会引起冰箱内一些部件（如铜铝接头）损坏，故运输时切忌过大的颠簸。

（2）日常维护。坚持经常性维护可以保证冰箱的工作性能，延长冰箱的使用寿命。冰箱的日常维护十分简单。如可用软布蘸温水或中性洗涤剂擦拭箱体外壳和内胆，外壳还可以打一层上光蜡。内外表面严禁用热开水或苯、汽油等有机溶剂擦拭，也不可用水直接冲洗。冷凝器和压缩机应经常去尘。临时停机要等3～5 min再启动。彻底清洗时应拔下电源，取出食物，使霜融化，清洗擦干后开门使气味散尽。

第2节　原料的粗加工

粗加工是对采购来的原料进行加工的第一道工序，如鲜活料的宰杀、整理、洗涤等，以使原料最大限度地转变为净料。原料初步加工的好坏，将直接影响菜肴的色、香、味、形。

原料粗加工应遵守的原则是：

第一，确保原料的清洁卫生。初步加工时，应严格把关，剔除腐烂变质的部分，洗涤处理干净。

第二，确保原料的营养成分。各种原料均含有各种不同的营养成分，在初步加工阶段要尽可能不致营养成分受损。如蔬菜，是人体内维生素及矿物质的重要来源之一，在初步加工时，应先洗净后再切，避免养分的消耗，储存时间应尽量缩短。

第三，确保菜肴的色、香、味、形。在初步加工时，注意避免影响菜肴的色彩、香气、味道及形状。例如，宰鱼时不得弄破鱼的胆囊；宰鸡时必须放尽血液，否则肉质将变红，影响菜肴的颜色。

第四，确保节约。在洗涤、处理以及收拾原料的工作中，除去掉污秽及不能食用的部分外，不得浪费任何有用的原料，同时也须留意如何利用废料。例如，聚集鸡羽毛或鸡骨等加以利用。

一、蔬菜的整理与洗涤

1. 叶类菜的粗加工

（1）选择整理。市场上供应的蔬菜，虽然都整齐新鲜，但供、购过程中难免受到挤压和摩擦，所以初加工时，一定要先认真选择整理，如有杂物（细草、虫卵）、烂叶等一定要除净，有些蔬菜还要去掉老叶、老茎、老根等。

（2）洗涤处理。叶类菜经选择后，要进行洗涤。根据不同的情况，要采用不同的洗涤方法，主要有清水洗、浸、漂、刷等。一般常用的有以下三种：

1）冷水洗涤。冷水洗涤主要用于较新鲜整齐的叶类菜原料。洗涤时，先用冷水浸泡一会儿，再进行洗涤。

2）盐水洗涤。盐水洗涤主要用于容易附有虫及虫卵的叶类菜原料。将叶类菜用2%～3%的食盐溶液浸泡片刻（5～10 min），使虫的吸盘收缩，浮于水面，便于清除。

3）高锰酸钾溶液洗涤。高锰酸钾溶液洗涤主要用于生食菜肴的原料，如生菜、黄瓜、草莓等。洗涤时，将用清水洗净的原料放入0.3%高锰酸钾水溶液中浸泡5 min左右，捞起，再用冷开水漂洗后沥干，这样可以起到杀死细菌的作用。

2. 根、茎类菜的粗加工

有些根、茎类的蔬菜带有老根、老茎或粗纤维的外皮，在初步整理时应该除去，如马铃薯、芋头要刮去外皮；竹笋、茭白要去掉硬根、老皮；西芹要剥去粗纤维的外皮等。这些原料经刮削处理后，还要洗涤，一般用清水洗净即可。但这些原料有些含有鞣质（单宁）、铁质（如木薯、马铃薯、茄子等），去皮后容易因氧化酶促褐度作用而变色。所以，这类原料去皮后应立即洗涤，一时不用，可用清水浸没，以防止变色。

3. 花、果类菜的粗加工

花、果类菜的原料也很多，初步处理时主要是掐去老纤维，削去污斑，挖除蛀洞等。

二、家畜下水的粗加工

家畜下水指内脏和头爪等，大都污秽，加工很有讲究。

1. 加工方法

猪、牛、羊的内脏、脚爪、尾及舌等各部分的洗涤工作很重要，因为这些原料大都肮脏、多脂，且有腥味，若不充分加以洗涤则无法食用。这些原料的洗涤加工相当烦琐复杂，且各原料的洗涤法皆有差异。

（1）翻洗法。翻洗法就是将原料内部翻出来洗，主要用于肠、胃等内脏的洗涤。因肠胃内部非常肮脏，且充满油脂，非翻出来洗不可。

（2）盐、醋搓洗法。主要用于搓洗油腻和黏液较多的原料，如肠、肚等。搓洗猪肚的黏液时，还可加碱以中和胃酸。加入盐、醋、碱后，要反复揉搓，然后冲洗干净。

（3）刮、剥洗法。这是一种除去外皮污垢和硬毛的洗法。如洗猪爪，要先刮去爪间及表面的污垢和余毛；洗猪舌、牛舌，先用开水泡至舌苔发白时，再刮、剥除去舌苔。

（4）清水漂洗法。主要用于家畜类的脑、脊髓等。这些原料很嫩，容易破损，应放在水中轻轻漂洗，并用牙签轻轻挑去血筋。

（5）灌水冲洗法。主要用于猪肺。可将气管套在自来水龙头上，灌水后轻拍，再换水，直至肺内毛细血管中的血水被换净为止。

2. 加工实例

（1）猪肠。猪肠的外部极其黏滑，内部又有污物，只有将盐、醋搓洗和里外翻洗结合起来，才能将猪肠的内外全部清洗干净。具体操作方法如下：先将原料放在盆内，加入少许食盐或醋，用双手反复地揉搓，等肠上的黏液凝固脱离，即用冷水反复冲洗。然后将手伸入肠内，把口大的一头翻转过来，用手指撑开，灌注清水，肠子受到水的压力，就会逐渐翻转，等肠子完全翻转后，就可以用手摘去肠壁上附着的污物，无法摘去的也可以用剪刀剪去，再用清水反复冲洗干净。然后仍用上述套肠翻洗方法，将猪肠翻回原样。将洗干净的猪肠投入冷水锅，边加热边用手勺翻身，待水烧沸，将肠的污物凝固倒出，再用清水洗干净，这样猪肠的黏液、污物和腥膻恶臭气味就除净了。

（2）猪肚。猪肚放盆内，加入食盐和醋，用双手反复揉擦，使猪肚上的黏液凝结脱离。然后用水洗去黏液，将手伸入猪肚内，用手抓住猪肚的另一端，翻转过来，仍加食盐和醋揉擦，洗去黏液。然后将猪肚投入沸水锅内进行焯水，再将猪肚洗净，就可去掉猪肚的腥臭味。

（3）猪腰。先用水冲洗猪腰，用手撕去黏附在猪腰外面的油脂。然后将猪腰平放在砧板上，采用拉刀批的刀法（刀身放平，刀背向外，刀刃向里批进原料反刀批，将刀由外向里拉，批断原料），将猪腰批成两片。仍采用拉刀批的刀法，分别批去附在猪腰中心部的白色筋膜（俗称腰臊）。最后，将批去腰臊的猪腰放在水盆内，冲洗干净即可。

（4）牛肚。牛肚的洗涤过程虽然与猪肚相似，但在加工时，要比猪肚更加费时。先在牛肚上加食盐和醋，用手加力揉搓，直到黏液结块脱离，再用清水冲洗，然后将牛肚翻转过来，仍加食盐和醋继续揉搓，也搓至黏液、油块脱离，再用水冲洗。将牛肚投入沸水锅焯水后，刮净，取出毛刺内的油块，用水冲洗干净。再将牛肚分成小块，投入冷水锅，边加热，边用小刀刮洗，直到水烧沸，牛肚变软，再取出，仍用水反复地冲洗干净。经过这样洗涤、加工的牛肚，不仅光滑清洁，而且易熟、无异味。

三、禽类的宰杀和洗涤

1. 禽类加工法

对于活禽，先行宰杀后褪净羽毛，剖开胸部再洗净；对于死禽，只需剖开胸部再洗净即可。

家禽初加工大致有以下四个过程：

（1）宰杀。宰杀鸡、鸭时，首先准备大碗，碗中放入少量食盐及适量清水（热天用冷水，冷天用温水）。用左手抓翼，左手小指钩住禽的一只脚，右手准备施割。拔去颈毛，用刀割断气管与血管，技术熟练者所割处只有黄豆般大小，割完后右手捉禽头，左手抬高，倾斜禽身，让禽血流入大碗，待血放尽，用筷子搅拌，使之凝结。

（2）拔毛。拔毛时，必须等待鸡、鸭完全断气，双脚不抽动时才开始拔毛，否则不易拔除，但也不宜放置过久。将鸡、鸭放在热水中浸泡透，热水的温度依季节与鸡、鸭的老嫩而定。一般而言，老鸡、鸭最好用开水，一岁左右的鸡、鸭用 90℃ 左右的热水为宜。冬季因毛较厚，可稍微提高温度。夏季水温宜低。如水温过高，会使皮肤破裂，故须多加注意。拔毛时，先拔去脚、嘴上的硬皮、壳，然后顺毛方向轻压禽身，拔去翼毛，再逆着毛的方向拔去颈毛，最后拔除全身羽毛。如果是多只鸡、鸭同时处理，可用 80℃ 的热水浸烫，以木棒搅拌，毛就自然地脱落去大部分，再逐只细加工。

（3）开膛。开膛的目的是取出内脏，但需按烹调的要求决定开剖方向，有腹开、肋开、背开三种剖开法，均须保持原来整只的形状。

1）腹开法。腹开法适合一般的调理，首先在禽颈与背骨间切开，取出气管、食管及食袋，再于肛门与腹部切开约 6 cm 的口，取出内脏并洗净。

2）肋开法。肋开法从翼下切开。该法适合烤鸭的烹调，用此法可使其在烘烤时不至于滴漏油汁。

3）背开（脊开）法。该方法适合于剖开背部填装东西。盛在盘中腹胸部朝上，则看不见刀口，较为美观。开胸取出内脏时，注意勿破损肝脏与胆囊。因鸡、鸭的肝脏属于上等材料，若破损则极为可惜。胆囊有苦汁，一遭破损使肉有苦味。

（4）洗净内脏。鸡、鸭的内脏，除嗉囊、气管、食管、食袋及胆囊外，均可食用，洗涤方法如下：

1）肫。先切去接肠的部分，然后剖开，除去里面的污物，剥去内壁黄皮，洗净。

2）肝。剖胸时取出肝脏，摘去胆囊，注意不要弄破胆囊，因胆囊破损易使肝脏染上苦味，无法洗去。

3）肠。将曲肠理直，接着用剪刀剖开，再以明矾、粗盐除去肠壁的污物与黏液，洗净后焯水（焯水时间宜短促，时间一长即变硬，不能咀嚼）。

4）油。母鸡腹中有脂肪，可以取出使用。鸡油不适于煎熬，放在蒸笼里蒸，可保持原来的颜色。

5）血。凝结于碗中的血，可放入热水中煮。禽血嫩软而美味，但放在蒸笼经长时间蒸易造成中间空洞。

6）其他。如心脏、鸡腰（睾丸）、母鸡腹中未成熟的蛋等，均可取出洗净。鸡腰为烹调佳材，不可舍弃。

2. 部分禽类加工实例

（1）鸭。在宰杀前，先喂一些冷水，并用冷水浇透鸭子的全身，这样就容易褪毛。宰杀时，左手虎口握住鸭的翅膀，并用小拇指钩住右腿。将鸭的头颈用力往后压，也握在虎口处，要握紧，使鸭颈部的血管、气管凸出，随即拔去少许颈毛，右手持刀，用力割断气管和血管，将刀放下，右手迅速抓住鸭头，左手提高，将血滴在事先准备好的盐水碗里，直到血全部滴尽，将鸭头夹在翅膀内，丢在一边。用筷子将血液和盐水搅和，等其凝固。待鸭子无力挣扎，但身体仍有余温时，进行泡烫褪毛。其方法有以下两种：

第一种是温烫，适用于对当年鸭子的褪毛。温烫的水温要保持在60～70℃，将鸭子放入盆内，边烫边褪。先烫双脚、头，除去脚皮、嘴壳；再烫尾部和翅膀，拔去尾部、翅膀的硬毛；再烫颈部，倒推褪去颈毛；最后再烫全身，用手拔或用手褪去全身羽毛。

第二种是热烫，适用于对隔年的老鸭褪毛。热烫的温度是80～90℃。其方法是：将鸭放在盆内，用热水泡烫，同时用木棒将鸭子左右翻动搅拌，直到鸭毛自然脱落时取出，用手拔或用手倒推褪去身上的羽毛及尾部、翅膀的粗毛。

（2）鹅。宰杀前先用绳套紧鹅的一只脚吊起，绕主翼后，用拇指和食指钳着鹅颈，将其拉直，再在鹅颈近头部处割断喉管，并迅速将鹅头稍向上弯，使血流出。

烫水、褪毛大致与鸡相同。如果是一般烧鹅，取脏前在颈背部割一小孔吹气，斩去二道翼、脚后，在鹅胸近肛门处直切一刀（约7 cm），再把食指和中指伸入肚内，取出肾、肠、肝、心，洗净鹅身便成。如果是明炉鹅，应从右翼底部捅一孔，掏挖出内脏，再将鹅身洗净，用一支小竹管在尖窝处顶撑内腔，使鹅身完整。接着用沸水烫内腔和外壳，并要迅速过冷水后，再上糖色。上糖后，翼底要撑小竹枝，肛门要插两根大鹅毛或弯成三角形的小竹篾，使内腔水分流出及鹅身通风。

（3）鹌鹑。左手虎口握住鹌鹑的翅膀，然后左右两手配合，用力翻剥，将鹌鹑的皮毛去掉，用手拉破腹部的皮肉，手指伸入，拉出全部内脏，用水冲洗干净即可。

鹌鹑如用褪毛法，要注意掌握好水温，如果水温太高，会将鹌鹑烫熟，影响到菜肴的质量。由于鹌鹑的皮很薄，干拔去毛时，用力要轻，切勿乱拉乱撕，造成皮肉破裂。

（4）鸽子。用左手虎口握住鸽子的翅膀，右手抓住鸽子的头，往水盆里按，直到鸽子窒息死亡。然后用60℃的温水浸泡鸽子，拔毛后，在鸽子的腹部或背部开刀，剖开后将内脏挖出，用水冲洗干净即可。鸽子也可像鸡一样宰杀、放血、热水除毛，这样可保持炖菜汤汁的清澈。

（5）光鸡、光鸭。是指经过宰杀、煺毛的鸡、鸭。加工方法是：先在颈部靠近身体处直划一刀口，然后取出食袋，抽出气管和食管，接着开膛取出内脏。根据下刀的位置和原料的用途，开膛的方法有以下三种：

1）腹开。先用刀在鸡、鸭的腹部近肛门处横开一刀口，长度约为6 cm，左手掌用力托住背脊，右手伸入刀口内，先将五指合拢，在腹腔内空旋一周，等内脏的筋膜与躯体脱开，再用手指抓住全部内脏，用力拉出（注意不要拉破苦胆）。用大拇指和食指钩拉出嵌在脊骨旁的双肺。这种开膛取内脏的方法，操作简便，应用广泛。该法用于制作白斩鸡、酱鸭、香酥鸭、子姜鸭块、黄焖鸡块等，也是将鸡、鸭加工成丝、条、丁、片、粒、蓉等形状时采用的一种开膛取内脏的方法。

2）背开（脊开）。用刀顺着鸡、鸭的脊骨，从尾部至头颈劈开，取出全部内脏。下刀前要注意：刀口要直、浅，弯弯斜斜的刀口会影响菜肴的形态，过深的刀口会使刀尖碰破苦胆，影响口味。这种开膛取内脏的方法大多用于红烧、清炖、酿制等烹制方法，如京葱八鸡、香菇炖鸡、八宝鸡等。其特点是菜肴装盘时，腹部朝上，背部朝下，既看不见裂口，又会使原料显得饱满，丰盛美观。

3）肋开。用刀在鸡、鸭的右翅膀下开一刀口，长度约为5 cm，然后将右手伸入，掏出全部内脏。这种开膛取内脏的方法一般用于制作烤鸡、烤鸭，其特点是：可使菜肴在烤制时不漏油、汁，以保持鸡、鸭经烤制后有肥厚、鲜嫩的特色。取出内脏的鸡、鸭可放入水盆内，边放水，边清洗，将鸡、鸭的血液、黏液、污秽全部清洗干净，至手感不滑腻。

水清无血水、无黏液时即可。

（6）鸡、鸭的部件加工

1）鸡、鸭肫。用剪刀顺着肫上部的贲门和连接肠子的幽门管壁剪开，冲洗去肫皮。鸭肫皮老而紧密，用手不易剥去，可以用刀刮去。然后用少许食盐涂抹在肫上，轻轻地揉搓，除去黏液，再用清水反复地冲洗，直到水清澈，手感无黏滑即可。

2）鸡、鸭肠。先将鸡、鸭肠理成直条，除去附在肠上的两条白色胰脏，然后用剪刀头穿入肠子，顺肠将肠子剖开，先用水冲洗去肠内的污物，再将鸡、鸭肠放在碗内，加入食盐和米醋，用力揉搓除去肠壁上的黏液，用水冲洗数次，直到手感不黏滑、无腥膻气味。烧沸水锅，将洗净的鸡、鸭肠放入略烫一下取出。注意时间不可过久。

3）鸡、鸭血。将已凝固的鸡、鸭血放入水锅内，用小火煮熟立即取出，浸泡在冷水盆里。

注意掌握好火候，如果烫的时间太久，血会起孔，影响口感；如果烫的时间太短，会凝结不牢，破碎渗血，色红而腥，影响菜肴的色泽和口味。

四、水产类原料的宰杀、加工

1. 水产类原料粗加工的一般方法

（1）去鳞、鳍、鳃。用刀反方向刮去鳞，用剪刀或菜刀切除鳍，用手挖去鳃，但鲥鱼、鳓鱼的鳞下因含有脂肪且味道鲜美，故只除鳃，不必去鳞。鲫鱼鳍较软，通常无须切除。鳜鱼、鲈鱼、黄鱼的背鳍非常锐利，须在去鳞前用剪刀剪去（如果刺伤手容易感染细菌导致发炎）。黄鱼须将头皮刮去，有些海鱼也用热水去鳞，即将鱼放在开水中一烫，鱼鳞即竖起，再刮去，这样易除净鱼鳞且能去除鱼皮部分腥味。鳜鱼去鳞后还应放在水中烫一下即起，刮去表皮黑衣。

（2）摘除内脏。通常使用剖腹法摘取，即在肛门与腹部间，用菜刀、剪刀沿着腹皮剖开一直线，取出内脏。为保持鱼体的完整，大黄鱼、鳜鱼也可在肛门正中处用菜刀轻轻做横向切开，将肠截断，再用两根细竹棒（或用竹筷）从鳃插入腹部，卷出内脏。取出内脏时勿弄破苦胆（一般海鱼没有苦胆），否则鱼味会变苦，例如青鱼、草鱼等在冬季腹部会鼓起，故须从腹部切到尾鳍处，夏季则从尾鳍部切开到腹鳍部，如此可避免弄破苦胆。鱼的腹部有一层黑膜，具有强烈的腥臭，故须去除。有些鱼的内脏可以食用，如青鱼的肝、肠等，不能丢弃。

（3）褪砂。鲨鱼皮有沙粒状的硬质部分，需要先用热水煮烫，然后用稻草摩擦，除去粗皮后再去鳃，最后摘除内脏。

（4）剥皮。对于板鱼、橡皮鱼等首先应剥去外皮，再刮去腹部的白鳞，去头，除去内脏。

（5）烫泡。黄鳝、弹涂鱼因无鳞，故先用热水烫后宰杀，去除白色黏液后剖开，除去鱼骨。

（6）宰杀。对于有甲骨壳如甲鱼等，先切去头部，放去血后浸泡在70℃左右的热水中，刮去白衣，剖开腹壳，除去内脏。

（7）挤捏。去虾壳的方法是：一手抓住虾头，另一手抓住虾尾，两手同时用力向中间挤顶，虾身便立即从壳脱落。脱落出来的虾仁不带虾须。但对于大虾应用剥壳的方法，速度虽不如挤捏法快，但可保持完整的形状。

（8）弃物的利用。在水产物品加工中，应充分利用各部分原料及废弃物材料。例如，可将黄鱼腹中的鱼鳔制成鱼肚。青鱼的肝脏、肠，以及墨鱼穗、墨鱼蛋等均可成为特色菜肴的原料。鳝鱼骨及头部可熬汤，切勿随便丢弃。

2．水产类原料粗加工实例

（1）鲈鱼。为了保证鲈鱼的肉质洁白，宰杀时应把鲈鱼的鳃夹骨斩断，倒吊放血，待血污流尽后，放在砧板上，从鱼尾贴着脊骨逆刀而上，将鲈鱼分成软、硬两边，取出内脏，洗净血污即可（起鲈鱼球用）。

（2）青鱼。右手握刀，左手按住鱼的头部，刀从尾部向头部用力刮去鳞片，然后用右手大拇指和食指将鱼鳃挖出，用剪刀从青鱼的口部至脐眼处剖开腹部，挖出内脏，用水冲洗干净，腹部的黑膜用刀刮一刮，再冲洗干净。

（3）鲥鱼。鲥鱼鳞下脂肪丰富，为保存其营养成分一般不需要去鳞，只在鱼的口部向腹部剖开，用手挖出内脏、鱼鳃和脊骨处的瘀血，然后用清水反复冲洗干净即可。

（4）河鳗。用左手中指关节用力钩住河鳗，然后右手握刀先在鱼的喉部和肛门处各割一刀，再用方竹筷插入喉部刀口内，用力卷出内脏；用手挖出鱼鳃，将河鳗放入盆内，倒入沸水中烫泡，待黏液凝固，即用干布或小刀将鱼的黏液除净，最后用清水反复冲洗几次。

（5）舌鳎鱼。舌鳎鱼的外皮粗糙，颜色灰暗，极不美观，不仅影响菜肴的质量，而且还会引起食物中毒。去皮方法是：先用刀在鱼的头部划一刀口，用手指蘸一点盐，放在头部刀口处用力擦，待皮上翻，即用手剥去外皮，接着用同样方法去掉另一面鱼皮。然后将鱼鳃挖掉，用刀剖开鱼腹，去除内脏，洗涤干净。

（6）墨鱼。将墨鱼浸泡在水盆里，双手大拇指和食指用力挤压眼球，使黑水迸出，然后右手用力拉下鱼头，抽出背骨，沿着背脊处将鱼撕开，挖出内脏，撕去鱼肉上的黑皮、黑衣，再用清水重复洗几次，洗去黑水即可。

第3节　原料去骨取肉加工

一、猪前后腿去骨取肉

猪腿仅指猪的两条后腿，前腿在行业中称夹心肉。猪腿主要有三根骨头（见图4—1），一根是直筒骨，上下走向；一根是分水骨，偏斜走向；一根是背尾脊骨，实际是猪背脊骨末端的一部分。背尾脊骨与分水骨连为一体，但连接处并不十分厚，可用斩刀剁断。分水骨与直筒骨通过关节相连，背尾脊骨和分水骨部分露出表面，直筒骨深埋肉中。

去骨的程序是：先斩断背尾脊骨与分水骨连接处，剔去背尾脊骨；接着剔净分水骨上的肉，使之显露出与直筒骨相连接的关节，用刀根或小的尖刀割断关节四周的筋、腱、软组织，并使直筒骨与分水骨分离，然后取出分水骨；最后剖开直筒骨上的肉，使直筒骨暴露，剔去直筒骨。在直筒骨的另一端，还会剩有一块小骨，要注意剔净。

猪腿分档如图4—2所示，上下两层肉的性质用途如下：

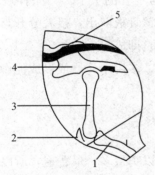

图4—1　猪后腿骨骼分布示意

1—小腿骨　2—膝盖骨　3—直筒骨

4—分水骨　5—背尾脊骨

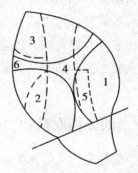

图4—2　猪腿分档示意图

（墨线表示上层肉，虚线表示下层肉）

1—磨档肉　2—弹子肉　3—臀尖肉

4—坐臀肉　5—黄瓜肉　6—三叉肉

上层肉主要指三块肉，即磨档肉、弹子肉、臀尖肉。这三块肉的特点和用途见表4—1。

表 4—1   猪腿上层肉的名称、特点、用途

名称	性质	用途
磨档肉	嫩	切丝、片、丁等
臀尖肉	嫩	切丝、片、丁等
弹子肉	较嫩	切片、丁等

　　下层肉就是把上层肉去掉以后所剩下的肉，也由三块肉组成，即坐臀肉、黄瓜肉、三叉肉。它们的特点和用途见表 4—2。

表 4—2   猪腿下层肉的名称、特点、用途

名称	特点	用途
坐臀肉	老	可作为特别选用
黄瓜肉	较老	切片、丁等
三叉肉	较嫩	切片、丁等

　　猪前腿的骨头有四块，一块扇形的饭铲骨（也有叫锨板骨的），一块似拳头的叫拳骨，一块叫月亮骨，还有一块是小排骨。拆分时，先将小排骨拆下，在前腿内侧从上到下用刀割开，使骨头露出，剔刮净骨上的肉，再割断饭铲骨与拳骨的关节。刀头伸进割断的关节，用力撬起饭铲骨，使之部分与肉脱离，再用手将饭铲骨板取出，接着分开与拳骨粘连的肌肉，取出拳骨及连带的一块关节上的小骨（月亮骨）即成。

　　夹心肉夹肥夹瘦，筋攀夹杂其间，不适宜切片、丝，多用于叉烧或剁成泥做肉丸、馅料。

二、家禽的分档取料和去骨取肉

　　鸡、鸭、鹅是最常见的禽类。在这三种禽类中，尤以鸡最多、最普遍，所以下文以鸡为例介绍操作方法。

1. 鸡的部位取料（见图 4—3 和表 4—3）

表 4—3   鸡肉的名称、特点、用途

名称	特点	用途
胸脯肉	嫩，纤维顺	切丝、片、丁等
大腿肉	较嫩，纤维乱	切丁、整腿使用等
里脊肉	最嫩	剁蓉、切片等

（1）鸡颈部位。可用煮、炖、烤、烧等方法烹调。

（2）鸡背脊部位。可用于制汤等。

（3）鸡胸部位。可用于制作滑炒菜肴，鸡里脊还可以剁成泥做花色菜。

（4）鸡翅膀部位。可用于做花色菜等，也可用炸、炖、烧等方法烹调。

（5）鸡腿部位。可用于取肉、制作花色菜等，也可用炸、烧、炖等方法烹调。

（6）鸡爪部位。可用于煮汤或用卤、酱等方法烹调。

图 4—3　鸡肉分布示意图
1—鸡腿肉　2—里脊肉　3—胸脯肉　4—翅膀

2. 鸡的去骨取肉

鸡的去骨取肉也称剔鸡、拆鸡，是刀工技术中必不可少的操作过程，也是刀工中的基础技术。下面介绍鸡的简单去骨方法：

（1）先把鸡的颈、头、脚爪斩去。

（2）鸡腹向上，头朝外侧，手捏住一个鸡腿，用刀割破鸡腿和鸡脯间的表皮，手握鸡腿，并把鸡腿反拧。

（3）在腰眼前面用刀划一下，左手把腰眼里的荔枝肉抠出，割断鸡腿与坐骨间的三根筋，刀根顶住腰眼部位，左手握住鸡腿，用力向后拉，一个鸡腿就下来了，另一个鸡腿用同样的方法处理。

（4）手捏住鸡翅膀，找准翅膀骨与鸟喙骨处的关节下刀，使两处关节和筋膜分离，用刀割断三叉骨上的骨膜，并用刀刮清三叉骨，刀根顶住鸟喙骨，左手捏住鸡翅用力拉下鸡脯肉，另一半用同样方法处理。

（5）鸡腿放在砧板上，皮朝下，左手按住鸡腿的内侧，先割破鸡小腿上的肉，用刀在大腿骨上刮两次，斩断小腿骨和大腿骨上的关节，先拆分大腿骨，再斩断小腿骨头部，用刀顶住小腿骨，割去小腿骨，再割去膝盖骨。另一大腿用同样的方法处理。

（6）抠出鸡壳上里脊肉的头部，刀割一下里脊肉和鸡壳间的表膜，手捏住里脊肉头部外拉即成。另一半鸡里脊肉用同样方法处理。

三、鱼的分档取料和去骨取肉

1. 鱼的部位取料

所谓鱼的部位取料，就是根据各菜肴的不同要求，合理地分割取料。鱼的部位一般是按鱼鳍分割的（见图4—4），可以分为鱼头、鱼尾、鱼中段、鱼肚。各部位鱼肉的名称、特点、用途见表4—4。

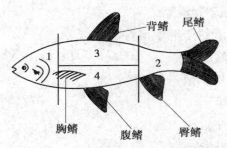

图4—4　青鱼、草鱼分档取料示意图
1—鱼头　2—鱼尾　3—中段　4—肚

表4—4　　　　　　　　　　　　　各部位鱼肉的名称、特点、用途

名称	分部	用途
鱼头	以胸鳍的后端为准，直线斩下，胸鳍留在头部	红烧鱼头、头尾汤卷、砂锅鱼头等
鱼尾	以臀鳍前端（肛门口）为准，直线斩下，臀鳍留在尾部	红烧头尾、红烧甩水等
中段	以脊梁骨为准批下，脊梁骨留在中段肉中的称作"雄爿"	红烧肚档、糟肚档等
	另一片不带脊骨的"雌爿"	制作鱼片、鱼米、鱼丁、鱼卷等

2. 鱼的去骨取肉

所谓鱼的去骨取肉，就是根据鱼的结构特征，运用各种行刀技巧，把鱼骨去净，取出有用的鱼肉。

鱼的去骨取肉一般有熟取和生取两种。熟取就是将鱼煮熟或蒸熟后取出鱼头、鱼骨、鱼刺。这种方法简单方便，但不常见。生取的方法很多，要根据鱼的体形而定：长形鱼一般采用平批法，鱼体圆粗的一般采取剔骨法，扁形鱼一般采用中开法。

（1）长形鱼的去骨取肉。长形鱼类多是体长，圆柱体形或扁平体形，如海鳗、鳗鲡、带鱼等。先把鱼放在砧板上，去鱼头，鱼头部位朝右放置，刀紧贴鱼的脊骨下刀，平批至鱼尾。把鱼身翻面，刀再紧贴鱼的脊骨平批至鱼尾即成，这种方法简单、速度快，比较常见。

（2）圆形鱼的去骨取肉。圆形鱼类多是肉厚刺少，适宜用来出肉，如大黄鱼、黄姑鱼、草鱼、黑鱼、鳜鱼、鲈鱼等。先在鱼鳃盖骨后切下鱼头，随后将刀贴着背骨向里批进，批到脊骨后，刀绕过脊骨，把上片鱼爿批下；随后鱼头朝右，刀在脊骨下面进刀，紧贴脊骨，左手按住脊骨，从鱼头批到鱼尾，拿下脊骨；最后批去小刺骨和肚骨即成。如果要去鱼皮，大鱼从头、鱼肉中部下刀，切至鱼皮处，刀口贴鱼皮，刀身侧斜向前推进，除去一半鱼皮，接着手抓住鱼皮，批下另一半鱼肉；小鱼可以从尾部皮肉相连处进刀，手指按住鱼皮，斜刀向前推批去掉鱼皮。这种方法拆肉率高，操作复杂，速度较慢，比较常见。

（3）扁形鱼的去骨取肉。扁形鱼类如牙鲆鱼、鲳鱼、鳊鱼等。先将鱼头去掉，鱼头部位朝外，腹部向左平放在砧板上，顺鱼的背侧线划一刀直到脊骨，再贴着刺骨片进去，直到腹部边缘，然后将鱼肉带皮撕下；接着将鱼头朝里，鱼背部肉用同样方法批下。再将鱼翻身，用相同方法批下鱼肚肉和鱼背肉即成，最后将鱼皮去掉。这种方法因料而宜，方法简单，速度快，拆肉率高。

四、黄鳝加工

黄鳝可做多种菜，它的宰杀加工也有多种方法。

1. 鳝背加工

用右手的中指关节钩住黄鳝离头部 15 cm 左右处，然后将黄鳝用力往砧板上摔，猛击黄鳝的头部，等黄鳝无力挣扎时，左手捏住黄鳝的头，右手持剪刀在喉部横剪一刀，将剪刀插入，由喉部向尾部推进，直到肛门为止，用手拉出内脏。随后，仍以左手捏住鱼头，右手持剪刀插入背骨右侧或左侧，紧贴着脊椎骨向尾部推去。再用剪刀剪断脊椎骨，然后用反刀批的刀法（即右手持刀，刀背向里，刀刃向外，向上推进原料，紧贴龙骨），批去全部脊椎骨。为了保持鳝背的脆性，一般不用水冲洗鳝背，而是用干净的抹布来回擦干净鳝背的血迹和黏液。

2. 鳝段加工

用右手的中指关节钩住距离黄鳝头部 15 cm 左右处，然后将黄鳝往砧板上摔，猛击黄鳝的头部，等黄鳝无力挣扎时，左手捏住黄鳝的头，右手持剪刀从喉部插入，向尾部推去，直到肛门为止，用力拉出内脏，随后放入水盆，边冲边洗，直到黄鳝无血迹、无黏液，沥干水分，用直切法切成段状。

3. 鳝筒加工

用右手的中指关节钩住距离黄鳝头部 15 cm 左右处，然后将黄鳝往砧板上摔，猛击黄鳝的头部，等黄鳝无力挣扎时，左手捏住黄鳝的头，右手持剪刀，先在喉部横剪一刀，剪断血管。随后将两根方竹筷插入肚腹，用力卷出内脏。将水冲入刀口内，再倒过来，直到内部瘀血排干净，将黄鳝表面的黏液也冲洗干净，然后截切成段即可。也可截成段后用筷捅去内脏。

4. 鳝丝加工

锅内放入沸水，将小黄鳝放入，加盖烫泡，等黄鳝张口、身体变形时，加入少量食盐和米醋，用木棒搅拌均匀，浸泡至白涎脱落，即可捞出，放入水盆里，用清水冲洗去白涎，即可捞出划鳝丝。划鳝丝的工具叫划刀，一般可用毛竹片、铜片、钢锯条、塑料片等制作。划刀的长度为 20 cm，宽度为 1.5 cm，厚度为 0.3~0.5 cm，刀刃部的斜度为 45°。划刀紧贴龙骨，可划下鳝丝。具体方法有以下两种：

（1）单背鳝丝加工。所谓单背鳝丝，就是将黄鳝背的两面肉划成中间不连、两片分离的形状。具体加工方法是：将黄鳝头向左、腹部朝里放在砧板上，左手捏住黄鳝头，在颈骨处用大拇指紧掐至骨，开一个缺口，右手持划刀，竖直插入缺口，直至刀尖碰到砧板，这时用右手大拇指和食指捏住划刀，右手的后三指扶牢黄鳝背，刀刃紧贴着脊骨，刀刃碰到砧板，一直向尾部划去，这样一条黄鳝的腹部肉就划下来了。再将黄鳝翻身，背部向下，划刀紧贴着脊背插入，刀刃碰到砧板，用上述的方法，划下第二条背肉，这样单背鳝丝就划好了。

（2）双背鳝丝加工。就是将黄鳝背两侧的肉划成中间不断、两片相连的形状。具体加工方法是：先用上述方法划下一条腹部的肉，在划背部肉时先不要将划刀的刀刃碰到砧板，只是紧贴着脊骨将骨肉分离。划第二刀时，将黄鳝翻转，背脊朝向自己的身体，同时将刀刃贴到砧板，使黄鳝的脊骨与背肉分离，这样，双背鳝丝就划好了。将划下的鳝丝，先拉去内脏、瘀血，随后用清水洗干净。

划鳝丝的要点如下：

第一，在烫泡时要加少量的盐，主要目的是使鳝肉紧实些，划鳝丝时光洁而不宜断散。

第二，在烫泡时要加少量的醋，主要目的是使鳝肉有光泽且有弹性并除腥。

第三，烫泡好黄鳝且骨肉能分离后，紧接着就必须用冷水冲，待黄鳝凉后，鳝丝划起来就不宜断裂。

第四，烫泡后黄鳝内部的血必须凝固并呈褐色，说明是活黄鳝烫泡的，否则不宜食用。

五、虾的加工

1. 一般加工

用剪刀剪去海虾、河虾的虾须和虾脚，随后放在水盆里冲洗，直到水不混浊即可，这种加工方法一般用于制作油爆虾、陈皮虾、盐水虾、醉虾等。

2. 剥虾肉

用于炒虾仁的拆肉加工方法是：河虾和较大的虾，以剥为好，因为虾肉和壳紧实，剥较为方便；而海虾和较小的虾，以挤为好，虾肉和壳容易分离，取虾仁速度快。剥虾仁时，一般一手抓虾身，一手先摘除虾头，然后再剥虾壳，虾尾可用拉的方法取出。

3. 挤虾仁

先用手摘去虾头，左手捏住背脊上部，右手的大拇指和食指捏住虾的颈部背脊处，用力一挤，即可将整只虾身的肉全部捏出。得到虾仁后，可以进一步加工，方法是：将虾仁漂洗去黏液，为了使虾仁色白肉脆，可以放入食用苏打粉（1 kg 虾仁可放食用苏打粉 2.5 g），也可放食盐（1 kg 虾仁可放食盐 20 g），用力搅拌起黏，随后再放入水盆里，用清水漂洗至色白、水清再上浆即可。

六、蟹的加工

1. 整蟹加工

在加工蟹之前，应先放在水盆里，让蟹来回爬动，使蟹螯、蟹脚上的泥土脱落沉淀。死的海蟹也可以浸泡在水中，去掉沙子。过 10 min 后，用左手抓住蟹的背壳，右手用软的细毛刷边刷边洗。如蒸河蟹，最好取纱绳一根，约 50 cm 长，先在左手小拇指绕 2 周，然后左手将蟹的螯和脚按紧，纱绳先横着蟹身绕 2 周，固定蟹脚，再顺着蟹身绕 2 周，将小拇指上绕的纱绳松开，在蟹的腹部打一个活结，即可上笼蒸，这样可避免蟹在加热时爬动，造成流黄、断脚。如做醉蟹，只要将蟹逐只洗刷掉泥沙后，沥干水分，投入盛有大曲酒的坛子内，让蟹昏死，随后倒入醉露。

2. 拆蟹肉法

左手捉住河蟹，右手持细毛软刷，洗去泥沙，随后取纱绳一根，将河蟹捆扎起来，然后放到锅里蒸 20 min 取出，剪断纱绳，扳下蟹壳、蟹脚、蟹螯，用手挖去内脏，剪开身体，先用牙签剔下蟹壳内的蟹黄，注意不要将沙袋混入。随后再剔下蟹身的蟹肉，蟹身可用剪刀横剖式剪开，再用竹签剔出蟹肉。接着将螯的小钳扳断，用剪刀剪开螯，用竹签将螯肉剔下。蟹脚的下端可先剪去，然后用剪刀沿着蟹脚上端较扁的一侧剪开，仍用竹签剔下蟹脚的肉。也可剪去蟹脚两端关节，用擀面杖或酒瓶推压出蟹肉。这样蟹黄和蟹肉就剔干净了。

一般将蟹黄和蟹肉混放在一起称为蟹粉，所以习惯上将蟹的出肉加工称为拆蟹粉。蟹粉用途很广，可单独制成炒蟹粉、芙蓉蟹斗等菜，也可作为配料，制成蟹粉豆腐、蟹粉白菜、蟹粉凤尾等。

第4节　常用刀工技法及原料成形

一、刀工的定义及作用

刀工就是根据烹调和食用的要求，运用各种刀法把经初步加工整理的原料加工成一定形状的操作过程。它是菜肴制作中不可缺少的一道工序。经刀工处理的原料便于食用，便于加热，便于调味，能美化原料的形态。经加工的原料是否整齐匀称，也能体现厨师的基本功是否扎实。

二、刀工技法

刀工技法也称刀法，是将烹饪原料加工成不同形状的行刀技法。刀工技法大体可分为三类：一是进行原料初加工时所运用的方法，如劈、斩等；二是对原料进行细加工所运用的刀法，如切、批等；三是属于美化原料形状的刀法，如剞、食品雕刻等。又可根据刀刃与原料接触的形态分为直刀法、平刀法、斜刀法、其他刀法四种。分述如下：

1. 直刀法

直刀法是指刀与原料始终成直角的刀法，根据用力大小的不同，直刀法又可分为劈、斩、切三种。

（1）劈。劈也称砍，又可分为直刀劈、跟刀劈和拍刀劈三种，如图4—5所示。

1）直刀劈。右手举刀，对准原料用力劈开。此法适用于带骨、体大、硬性的原料，如带骨的猪、牛、羊及鸡、鸭、鱼肉等。

a) b) c)

图4—5　劈

a）直刀劈　b）跟刀劈　c）拍刀劈

2）跟刀劈。刀刃嵌牢在原料要劈的部位上，刀与原料同时起落直至劈断为止。这种刀法适用于一次不易劈断、须连劈几次的原料，以及难以瞄准又对劈后原料形体大小有要求的原料。

3）拍刀劈。右手持刀架在原料要劈开的部位上，用左手掌在刀背上拍下去将原料劈开。这种方法适用于圆形或椭圆形、小而滑的原料，或是在斩成刀面的原料上补一刀，以解决连刀问题。

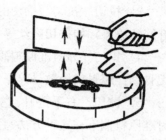

图4—6　斩

（2）斩。斩也称为剁，是将原料制成蓉末状的刀法，适用于无骨制丸、馅的原料。操作时可单刀，也可两手各持一刀，保持一定距离，两刀前端可稍近些，呈"人"字形，此起彼落，循序渐进，至原料剁成蓉，均匀细腻即可，如图4—6所示。

（3）切。切分直切、推切、拉切、锯切、铡切和滚料切，如图4—7和图4—8所示。

1）直切。指将刀垂直切下。这种方法适用于切制脆软性原料，如蔬菜、豆腐干等。

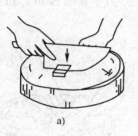 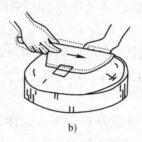 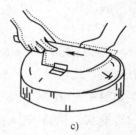

a)　　　　　　　　　b)　　　　　　　　　c)

图4—7　切（一）

a）直切　b）推切　c）拉切

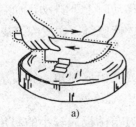 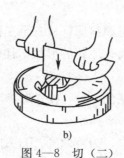 

a)　　　　　　　　　b)　　　　　　　　　c)

图4—8　切（二）

a）锯切　b）铡切　c）滚料切

2）推切。指将刀由后向前一刀推到底。这种方法适用于薄、小、韧的原料，如嫩肉等。在切韧性原料时，常用的刀法是推翻切。即推刀向前，顺势外翻，这样切出的丝、片整齐且保证不连刀。

3）拉切。拉切与推切的方向相反，将刀由前至后一拉到底。这种方法适用于韧性强、有筋的原料，如拉切肉丝等。

4）锯切。刀对准原料垂直切下时，先推后拉，似拉锯。此刀法适用于较厚、较硬的无骨韧性原料或松散易碎原料，如酱牛肉、面包等。

5）铡切。右手持刀、左手按住刀背前端，抬起刀柄，以刀尖为支点，双手同时用力对准原料铡下。这种方法适用于带壳、带细小硬骨或软骨、易跳动的原料，如蟹、花椒、花生等。

6）滚料切。将原料不停地向后滚动，同时刀身直下。这种刀法适用于圆形或椭圆形脆性原料，如茄子、黄瓜、山药、萝卜等。

2．平刀法

平刀法也称批刀法，是刀与砧板呈平行状态移动批切原料的一种操作方法，把原料批成薄而匀的片状，适用于无骨的韧性或软质原料。平刀法又分为平批、推批、拉批和抖批。

（1）平批。指将刀身放平，使刀与砧板呈平行，批时一刀到底，此法适用于无骨软性原料，如豆腐干、肉冻等，如图 4—9 所示。

（2）推批。指将刀身放平，批进原料后向前推移。这一方法多用于煮熟后回软的脆性原料，如玉兰片、熟笋。

（3）拉批。指将刀身放平，批入原料后向里拉动。此法适用于韧性原料，如各种肉类。

图 4—9　平批

（4）抖批。指将刀身放平，批进原料后，从右至左移动，移动时上下抖动，而且要抖得均匀，批成锯齿状。抖批多用于美化原料的形状，且多用于软性原料，如皮冻、皮蛋。

3．斜刀法

斜刀法也称坡刀法，也是批刀法的一种，操作时刀与原料或砧板成斜角。斜刀法又可分为正刀批和反刀批两种，如图 4—10 所示。

（1）正刀斜批。操作时刀身倾斜，刀背向外，刀刃向里，刀与砧板成较小的斜角，批时刀由外向里移动。此法适用于无骨韧性原料，如切腰片、血片、扇形鱼片等。

（2）反刀斜批。刀背向里，刀刃向外，刀身略偏斜，刀批进原料后由里向外移动，此

a)

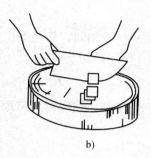
b)

图 4—10　斜刀法

a）正刀批　b）反刀批

法适用于脆性或易滑原料，如鱿鱼、莴笋，去鱼皮等。

4. 其他刀法

（1）拍。指用刀的平面拍击原料，根据原料的不同和烹调需要，将原料拍松、拍酥，如葱、姜、蒜等。

（2）刮。指用刀将原料的脏物及毛茬刮掉。

三、原料成形

原料经过不同刀法加工后，形成了各种各样的形状，大体可分为蓉（泥）末、米、粒、丁、块、丸、球、丝、条、段、筒、花式形态等。

1. 块

块的种类很多，有象眼块、方块、劈柴块、斧头块、滚料块等。各种块形的选择，主要根据烹调的需要和原料性能。用于烧、焖的，块可大些；用于熘、炒的，块可稍小些；对某些外形较大的可在背面剞花刀，增加菜肴美感，也可以吸收调味。

2. 片

片由切或批形成，有圆、椭圆、方、长方、柳叶、月牙、指甲、菱角片等。按烹调要求，氽汤用的片和韧性原料片（如笋、鸡、肉片等）要薄些，炸、炒用的片和松软易碎的鱼片、豆腐片应稍厚些。

3. 丝

丝有粗细、长短之分，但要求切丝必须均匀。丝是将原料先切成片，然后排成瓦楞形、卷成筒形或将片叠齐，再切成丝。丝多用于氽、烩、炒等。丝有头粗丝、中粗丝、细丝之分，分别为大约 0.4 cm、0.3 cm、0.2 cm 粗，由菜肴和烹调方法决定。比如土豆松的丝要能穿过针眼；鱼丝可略粗，肉丝约为粗的火柴梗粗细；鸡丝比肉丝细，而笋丝则应略粗，否则丧失脆性。丝的长度也因菜而异，一般在 4～7 cm。

4. 条

切条的方法与切丝相同，只是条比丝粗，直径约为 1 cm，长 3～4 cm，俗称筷梗条。条适于烧、炸、扒等。

5. 段

段同条粗，比丁长，切段时先将原料切成长条，再改刀成段。段有大寸段、小寸段、马牙段等。

6. 丁

丁是方形小块，比较大，1 cm 见方。根据原料及烹调需要决定其大小，切法可将条改刀为丁。

7. 粒

粒比丁小，比末大，如豌豆大小，是将丁改刀成粒。

8. 米

米比粒小，比末大，大小如高粱米，是将细丝改刀成米。

9. 末

末比米小，是将米改刀成末。

10. 蓉（泥）

原料改刀成末后，再用刀背砸或用刀刮、斩、剁，皆可得比末更细腻的蓉。蓉也称泥，可制丸。

11. 球

一般用半圆勺挖出来，所选原料主要是冬瓜、萝卜、哈密瓜一类，做成球状以求美观。

四、刀工注意事项

1. 要适应烹调的要求

对旺火速成的菜肴，原料要切得适当薄一些、小一些，以便快熟入味；如用小火慢成的菜肴，原料要切得厚一些、大一些，以免烹调时原料变形。

2. 均匀

所切制的原料要注意形态美观，粗细均匀，厚薄一致，长短相等，整齐划一。

3. 减少浪费

要注意合理使用原料，物尽其用，注意节约，降低消耗，尽量提高出成率。

4. 因料施刀

要根据原料的特点采用不同的刀法。同样切片，质地松软的原料要比质地坚硬的原料切得略厚一些；切脆性原料如茭白、冬瓜等，可用直切；切豆腐类松软原料应用推切；而切韧性原料（如肉类）则需推切、拉切等。

5. 了解成菜要求

应注意菜品形式和色形的配合，要突出主料、主辅相益，使菜品的组成大方别致、新颖多彩。

最后将各种刀法的操作方法、适用材料及成料形状总结列于表4—5。

表 4—5　　　　　　　　　　　　　　刀法一览表

分类	刀法		操作方法	适用材料	形状
直刀法	切	直切	使菜刀与材料垂直，由上而下切下	竹笋、莴苣等蔬菜及各种脆嫩材料	条、丁、丝、厚片、粒
		推切	(1) 使菜刀与材料垂直，由靠近持刀者的一方朝另一方推出 (2) 用力于菜刀后端，推切至最后	豆腐干、百叶等柔软而薄、形状较小且富于弹性的材料	块、丝
				去骨的、有弹性的材料，如鸡、鸭、猪、牛、羊肉等	条、丁、丝、块、粒
		拉切	(1) 使菜刀与材料垂直，由远离持刀者的一方拉至靠近持刀者的一方 (2) 用力于菜刀前端，拉切至最后	去骨的有弹性材料，如鸡、鸭、猪、牛、羊肉等	条、丝、块
		锯切	使菜刀与材料成垂直如拉锯般推前，再往后拉	硬性的材料，如火腿等	薄片、块、粒
				膨松而易碎的材料，如面包等	厚片
		铡切	有以下两种切法（菜刀与材料保持垂直）： (1) 左手按住刀锋，使刀刃对准预切位置，同时用双手按动菜刀，切断材料 (2) 握刀法同 (1)，但高竖刀柄，尖端落下，由前往后移动刀身，使刀刃切入材料	有壳或软骨的材料，或细而小、有硬骨的材料，如蟹类、花椒等	段、块、粒、末
		滚料切	左手按住材料，使其不断旋转，右手握刀垂直切下	圆形或椭圆形脆嫩的材料，如萝卜、竹笋等	滚料块、厚片等

分类	刀法		操作方法	适用材料	形状
直刀法	劈	直刀劈	左手轻按材料，右手举刀，对准落刀位置，用力劈切，但落刀时须从落刀点放开左手	可用一刀劈断的带骨坚硬材料，如有骨的鸡、鸭、鱼等肉类	段、块等
		跟刀劈	（1）刀刃顶住拟切的位置，菜刀与材料同时落下（2）右手持刀，左手握材料，双手同时落下	一刀不能劈断的带骨或坚硬材料，如脚爪、蹄髈等	块
		拍刀劈	右手持刀，刀刃放在预切断的位置，举左手，用力敲拍刀背	圆形或椭圆形，小而滑的材料，如鸡头、鸭头等	块
	斩（剁）	剁排斩	双手同时各握一刀，同时操作；双刀保持一定的距离，刀尖靠近，手边稍离；由左而右，由右而左反复剁切	无骨材料	蓉、末
平刀法	批	平批	平放刀身，以一刀削切为准	无骨柔软材料，如豆腐、豆腐干、肉冻、鸡血、鸭血等	片
		推批	平放刀身，切入材料后由靠近持刀者的一方切至另一方	煮熟、柔软、清脆的材料，如熟竹笋、茭白、玉兰片（笋干）等	片
		拉批	平放刀身，切入材料后由远离持刀者的一方切至靠近持刀者的一方	去骨的鸡、鸭、猪、牛、羊肉等有弹性的材料	片
斜刀法	批	正刀批	斜放刀身，刀背外倾，刀刃内倾切入材料；左手按住预切的位置，切完一次，将刀刃移向内侧，移一次削切一次，每次移动的距离相等	无骨有弹性的材料，鱼肉、猪肉、肾脏、鸭肫等	片
		反刀批	斜放刀身，刀背内倾，刀刃外倾切入材料；用左手按住材料，以中指关节支持刀身，刀身紧贴中指关节，切入材料；随着切刀行进，以同距离移向一边，每移动一节，切一刀，保持均一的移动距离	酥脆易滑的材料，如莴苣、墨鱼等	片

思 考 题

1. 请说出刀的种类及保养方法。
2. 简述磨刀的要领。
3. 如何选择和保养砧板？
4. 如何正确使用及保养各种常用烹调设备？
5. 原料粗加工应遵循的原则是什么？
6. 简述叶菜类、根茎类、花果类原料粗加工的操作方法。
7. 家畜肉、内脏原料如何进行粗加工？
8. 试述家禽的宰杀和洗涤的操作方法。
9. 试述水产原料的宰杀和加工的操作方法。
10. 猪前后腿分档后有哪几块肉？试述它们的性质和用途。
11. 试述鸡的分档及各部分肉的性质和用途。
12. 鱼分档后有哪几块肉？试述它们的性质和用途。
13. 鱼分档取料时的下刀原则是什么？
14. 黄鳝宰杀加工的操作方法有几种？
15. 简述虾仁的加工操作方法。
16. 简述蟹的加工操作方法。
17. 请叙述刀工的定义及作用。
18. 试述刀法的定义、种类及划分依据。
19. 原料经加工处理后有哪几种形态？

第 5 章

烹调基础知识

第1节 烹调工具及设备

一、烹调工具

1. 锅

锅是烹调的主要用具，分蒸、煮锅和炸、炒锅两大类。蒸、煮锅大多用生铁铸成，这类铁锅以青色乌亮、无裂缝、无砂眼为佳。炒锅分单柄式、双耳式、平底式等。由于炸、炒要求传热快、坚实耐用、质量轻，所以炸锅和炒锅大都用熟铁打制而成，以锅面平滑、厚实为佳。

2. 手勺

手勺是圆勺带长柄的烹调工具，柄端或装有木手把。它的用途广泛，在烹调过程中，可用于投料、翻搅锅中的菜肴和将烹制好的菜品装入容器。手勺的长度，根据烹饪方法不同而有所区别，手勺的柄长一般约30 cm。手勺多用不锈钢制成。

3. 漏勺

漏勺是用来滤油或从油锅及汤锅中捞出原料的工具。漏勺的直径为18～24 cm，勺面多孔。

漏勺大多用不锈钢制成，带有长柄或装有木把。

4. 小笊篱

小笊篱用途与漏勺大体相同，是用铁丝、铜丝或竹丝等编成。小笊篱主要用来捞油渣及粒屑。

5. 网筛

网筛主要用来过滤汤和液体调味品中的杂质。网筛分粗、细两种，粗网筛用细铁丝编成，用以过滤粗糙的渣质及油中的杂质。细网筛多用细铜丝编成，筛眼细小，供过滤汤汁用。

6. 手铲

手铲是菜肴烹调过程中用来铲翻的烹调工具，根据铲头铲翻的菜肴品种不同可分为狭长形或方圆形。手铲柄端部装有木把手，柄长约30 cm，材质有铁、铜、不锈钢等。

7. 铁叉

铁叉用来在沸汤中捞取较大的原料，或是涨发肉皮时用来钩拉卷缩的肉皮。叉头前端有分开的两齿，分平形和钩形两种，叉柄约 30 cm 长，材质分铁和不锈钢两种。

8. 铁筷子

铁筷子是两根 30 cm 左右长的细铁棍，上端用细铁链相连，与普通筷子相似，但比普通筷子略长，主要用来滑散原料。

9. 蒸屉

蒸屉是用来蒸制菜肴的工具，其规格较多。蒸屉有用竹、木制成的，也有用铝、不锈钢制成的。用竹、木制成的多为圆形，也称为蒸笼。现在餐饮企业较多使用蒸箱，是不锈钢制成的箱体，门多向下打开，密封性很好，用煤气或电作热源。

二、烹调设备

1. 炉

厨房常用的炉分烤炉、烘炉、熏炉及远红外烤炉等。

（1）烤炉。用来烤制菜肴的烤炉，大部分是用砖砌成的固定炉体，用木柴作为燃料，将原料挂于炉腔内烘烤至熟。烤炉可用来烤鸡、烤鸭、烤肉等。

（2）烘炉。烘炉也叫平炉。这种炉的炉口宽敞，炉底通风口小。由于这种炉没有烟道，所以燃料燃烧不快，火力分散而且均匀，一般适用于烘、烙菜肴或点心。

（3）熏炉。熏炉大多是封闭式，用茶叶和锯末、白糖等作为熏料。熏制时将菜肴放在铁算子上，然后用烟熏制。熏炉可用来熏鸡、熏鸭、熏鱼等。

（4）远红外烤炉。用电作热源，靠辐射出来的红外线热量，将原料加热成熟。远红外烤炉除可用来烤制点心外，还可用来烤鸡、鸭、鱼、肉等。

2. 灶

厨房常用的灶有炒菜灶和蒸锅灶等。

（1）炒菜灶。其结构形式一般是一面靠墙，灶台上分别设有上下水道、油箱、调料箱、汤锅等。炒菜灶主要用于炸、熘、爆、炒、烹。汤锅用于煮汤。根据使用不同的燃料，灶还可以分为旋风灶、七星灶、柴油灶等。前两者以煤气为燃料。在城市里，煤气灶使用较广泛，也比较干净。

（2）蒸锅灶。蒸锅灶的结构形式比较多，有吹风灶、抽风灶、柴灶、煤灶以及单眼灶、多眼灶等。其共同特点是：灶体大，有烟囱，灶门宽阔，炉膛矮而宽。蒸锅灶的特点是传热快、不粘锅，除可用来蒸煮主食外，主要用来蒸制菜肴。

第2节 临灶操作

一、临灶姿势

厨师临灶时，面向炉灶站立，身体应与灶台保持 10 cm 距离，身体应挺直、自然，即所谓挺胸收腹，不能弯腰曲背，也不要故作姿态，要自然放松；两脚分开站稳，分开的距离根据个人条件而定，一般与双肩的宽度大致相等，约 40～50 cm。思想集中，目光随时注意锅中菜肴变化，手和眼紧密配合。

二、翻锅

烹调时火很旺，要让原料在短时间里均匀受热，靠锅铲翻动难以达到要求，厨师是依靠颠动铁锅使原料不断变换位置的，这个过程就是翻锅。翻锅是最基础的功夫，翻不了锅，就做不了菜。

翻锅时要做到握锅姿势正确。一般是用左手握锅，左手心朝右向上，贴住锅柄，拇指放在锅柄上面，然后握住锅柄，握力要适中，不要过分用力，以握住、握牢、握稳为准。这样的握法在翻锅过程中，能充分发挥腕力和臂力的作用，使翻锅灵活又准确。再用右手握住手勺，握时要用右手的中指、无名指、小指和手掌握住手勺柄的顶端，起钩拉作用；食指前伸，贴在手勺柄的上面，拇指按住手勺柄的左侧，拿住勺子。在烹调过程中，握炒锅和手勺的两只手要相互配合。

双耳锅要用抹布垫在手上，左手拇指钩住锅耳边上，四指撑开抵住锅壁，提稳铁锅，通过提、送、拉的连续动作，颠翻锅内菜肴。现在大都用旋风灶，锅很大，翻锅时可将锅坐于灶口铁圈上，通过推拉来翻动菜肴，不将锅悬空。

翻锅技术的好坏对菜品质量影响很大。翻锅的方法很多，大致可分为小翻和大翻两类：

1. 小翻

小翻的特点就是左手握住炒锅，向前送，再后拉，不断颠动，使锅内菜肴松动、移位，达到加热均匀、调料入味、芡汁包裹均匀的目的。菜肴颠动时，要离开锅底，但不能超出锅口，即在锅内滚动，因此操作动作较小，菜肴翻动的幅度也较小，故称为小翻。小翻锅主要是靠腕力的作用，前推后拉，要求动作敏捷而又协调，干净利落。小翻适用爆、烹一类的菜肴。在左手翻锅的过程中，右手持手勺要给予密切的配合，一方面要及时持勺调味和勾芡，使菜肴均匀地入味和上芡；另一方面要协助翻动，使菜肴的受热、调味更加充分、均匀；在菜肴数量较大的情况下，翻锅不易翻颠或滚动不匀时，用右手持手勺推动菜肴，使之全部翻转。

2. 大翻

大翻不仅用腕力，还要运用臂力，使锅中的菜肴腾空而起，超出锅口，使菜肴全部来个大翻个儿。大翻技术难度较大，要求也较高，不仅菜肴要翻身，还要翻得整齐、美观，翻前是什么样，翻个儿后仍要保持原样。大翻分前翻、后翻、左翻、右翻，是按翻锅动作的方向区分的，其基本动作是一样的。大翻的幅度大，由送、扬、拉、接四个动作一环扣一环地连续进行，相互密切配合。大翻锅动作除翻的动作要求敏捷、准确、协调、衔接紧密以外，还要做到：炒锅光滑不毛糙，锅面保持光滑明亮。最好用"晃锅"的办法，把锅内菜肴转动一下，防止粘底，勾芡后再淋入少许热油，增强润滑度，这样进行大翻将更有把握。

三、出锅装盘

出锅装盘必须保持整齐、美观的原形。不同类型的菜肴，出锅方法也各不相同，如拖入、盛入、扣入、扒入、倒入、覆盖等。大翻锅的菜品一般应用倒入法和拖入法。即菜肴在锅内大翻后，再略旋转几下，将锅内菜肴均匀地拖入盘内，以保持原形。这种出锅法的要点是，锅与盘的角度要合适，不宜太高，动作要迅速、敏捷、干净利落。小翻出锅的方法是，先将部分菜肴颠入手勺，再将其余菜肴盛入盘内。

第 3 节　掌握火候

烹调时，火力大小和时间长短的变化情况叫火候。火候是菜肴烹调的关键，在原料、调味料不变的情况下，火候对于菜品质量起决定性作用。正因为这样，火候掌握是否恰到好处，是衡量一个厨师灶上功夫技术水平的重要标准。火候从字面上来解释，是指燃料燃烧的火力情况。但是，烹调中所指的火候却不仅仅如此，除火力本身，更重要的是指菜肴原料在不同火力、不同时间作用下所产生的结果。总的来说，火候就是在适宜的切配之后，精确熟练地控制和调节烹调菜品所需要的温度与时间，保证菜肴色、香、味、形俱佳。

中国菜肴的多种多样决定了烹调中式菜肴时火候的复杂性。

一、火力的鉴别

鉴别火力是掌握火候的前提和基础，因为火候的变化是由火力的变化决定的。火力实际上是个无级系列，厨师在实践中根据火焰高低、火光明暗、火色不同和热度大小等来判断火力，将火力大体上分为大火、中火、小火三种。

1. 大火

大火也叫旺火，是一种最强的火力。它的特点是，火焰高而稳定，蹿出炉口，散发出灼热逼人的热气；火光明亮，耀眼夺目；火色黄白。旺火用于"抢火候"的快速烹制，它可以缩短菜肴加热时间，减少营养成分损失，并保持原料的鲜美嫩脆，适用于熘、炒、烹、炸、爆、蒸等烹饪方法。

2. 中火

中火也叫文武火，火苗在炉口处摇晃，时而蹿出炉口，时而低于炉口；火光较亮，火色黄红，有较大的热力，适用于烧、煮、炸、熘等烹调方法。

3. 小火

小火也叫文火、慢火、温火等。小火火焰较小，火苗在炉口与燃料层间时起时伏，火光较亮，火色暗淡、发红，火力偏弱，适用于对较嫩味美菜肴的烹调，如煎、贴等，也用于收稠卤汁。

二、火力的传导与传热介质

古代的烹制手段主要是靠直火或通过火烤（焙）热石板、石块来将食物制熟的。这种烹调方法今天仍在使用，如烤、烙、贴等。但现代的食物烹制多靠中间媒介传导热量，而使食物成熟后变得更加嫩、脆、酥、烂，鲜美可口。常用的热传递方式有传导、对流、辐射和微波。常用的传热介质是油、水、汽、盐等。充分了解这些介质的传热性能及原料受热变化，是鉴别与控制火力最重要的内容，也是厨师掌握火候的关键。

1. 油

油是烹制食物时应用最广泛的传热介质。油的燃点可达300℃以上，可使菜肴原料在高温的条件下迅速成熟、脱水变脆，以利于保持原料的水分和营养成分，并且使食物嫩脆鲜美。油的温度高固然是烹调的有利条件，但并不是说油温越高越好。由于菜肴原料众多，所用的油温也各不相同，因此能否恰当地控制油温，是非常重要的技术。

2. 水

水也是重要的烹调传热介质。由于水有极强的渗透和溶解能力，可以融合原料和调料中的鲜美滋味，所以被广泛应用于烹调中，如汆、煮、涮、烩、卤、酱、熬、炖等。对不同的原料和不同的烹调方法，应分别采用不同的水温。例如，对腥污较大的肉类，要用凉水下锅，下料后再用旺火烧开，以除去腥膻气味和浮沫；煮禽蛋也应用凉水下锅，再用旺火烧开，以防骤然受热使蛋壳破裂。煮、煨、炖、酱等烹调方法，宜用小泡微开的火候；烩、焖等烹调方法，宜用一般滚开的火候；而汆、涮、焯等烹调方法，则宜用大泡滚开的火候。当然，不同原料的烹调时间也有所不同，有的时间要较长，有的时间要很短，这应通过实践摸索掌握。

3. 汽蒸

汽蒸是通过沸水产生的热气传热致使菜肴成熟的一种方法。汽蒸的温度比沸水略高，加之蒸笼里是个密闭的空间，有压力，故原料更易酥烂，而脱水现象不严重又能很好地保存原汁、原味和原形。因此，通过汽蒸的菜肴往往酥烂鲜嫩、形色美观。汽蒸因火力不同而分为气体直上的旺火沸水蒸、中火沸水蒸和蒸汽缓慢的微火慢蒸。

对只要求蒸熟的菜肴（如水产品），以旺火沸水速蒸为宜，这样蒸出的菜肴色泽鲜艳，肉质刚及断生，富有弹性。一些要求酥烂的菜则可用旺火沸水长时间蒸，如香酥鸭。

微火慢蒸用于细加工的花色菜，这样可保持菜品的花色和鲜嫩。比如一些有造型的菜，如用旺火沸水蒸，很可能被蒸汽冲坏。

4. 直火辐射

直火辐射指烤、熏、烘和用盐与泥沙传热的盐焗、泥烤等烹调方法，如熏鱼、叫花鸡、烤填鸭、烤肉等菜肴。

三、掌握火候的要点

掌握火候，要经过反复实践，认真地总结经验，具体要注意以下几点：

1. 根据原料的性质确定火候

各种原料性质不同，质地有老有嫩，即使是同一类原料也有区别，如当年鸡与多年鸡，蔬菜的根与茎等。

2. 根据原料的形态确定火候

原料经切配后，有的形薄，有的形厚，有的整块，有的碎小，这就要根据实际情况定火候。一般而言，小、薄的原料应用旺火速成，大、厚、整的原料应用小火慢成。

3. 按不同性质菜肴确定火候

例如，土豆烧肉用的是两种性质完全不同的原料，如同锅烹调，不可能酥烂一致。一般应将土豆炸后备用，待肉烧到半烂时，再将炸过的土豆同烧，这样最后成菜时才能恰到好处。又如爆三样中的猪肝、腰花、鸡肫虽都是动物内脏，但成熟程度有相当大的区别，必须用不同的火候先烹调至半熟或断生状态，使其基本一致，然后再放入同一锅内烹制，统一调味出锅。

四、运用火候的一般原则

由于烹制菜肴的过程中，可变因素很多而且复杂，所以很难总结出掌握火候的一成不变的程式，而只能根据原料性状、制品要求、投料数量、传热介质、烹调方法等可变因素，分别给出掌握火候的最一般原则，见表4—1。

表4—1 根据可变因素掌握火候的一般原则

可变因素		火力	加热时间
原料性状	质老或形大	小	长
	质嫩或形小	旺	短
制品要求	脆嫩	旺	短
	酥烂	小	长
	制汤取汁	旺（奶白汤），小（清汤）	长
投料数量	多	旺（中、小）	长
	少	旺（中、小）	短
传热介质	以油为介质	旺（中、小）	短（长）
	以水为介质	中、小（旺）	长（短）
	以蒸汽为介质	旺—中	长
烹调方法	煸炒、滑炒、爆	旺	短
	炸	旺	较长
	烧	旺—中—旺	较长
	焖（炖）	旺—小—旺	长

第 4 节 识别油温

一、油传热的特点

油能传递很高的热量，在传递热量时具有排水性。因此，在充当传热介质时，能快速使原料成熟，脱水变脆，并且带有特殊的油香和清香味。油在传热过程中的排水性，能使原料本味更加浓郁，又可使某些易溶于水或蒸汽的原料保持其外形。以油为介质加热，不能使原料酥烂，但对已经酥烂的原料加热，则可得到特有的酥脆口感。

二、油温的成数及油的变化

对以油为传热介质的烹调方法，正确识别与掌握油温是其关键。油温是食用油脂经加热从常温到燃点的一个无级系列。依据实践经验，用于烹调的是其中的三个阶段：三四成热（温油锅）、五六成热（热油锅）和七八成热（旺油锅）。这里所说的"成"，是相对于油脂的燃点而言，相当于达到燃点温度的 1/10。不同的油脂其燃点各不相同，习惯上取一个临近的整数，设定 300℃ 为十成油温。不论哪一种供烹调用的油脂，以上三个阶段的油温，都可以用温度计分别测得与之相对应的大致温度。但在实践操作中，却不可能边烹制、边用仪表测温，而只能凭实践经验加以识别，具体情况见表 4—2。

表 4—2　　　　　　　　　　油温的成数及油的变化情况

名称	俗称	温度	一般油面情况	原料下油的反应
温油锅	三四成热	90～120℃	无青烟，无响声，油面较平静	原料周围出现少量气泡
热油锅	五六成热	150～180℃	微有青烟，油从四周向中间翻动	原料周围出现大量气泡，无爆炸声
旺油锅	七八成热	210～240℃	有青烟，油面较平静，用手勺搅动时有响声	原料周围出现大量气泡，并带有轻微的爆炸声

三、掌握油温的要点

正确掌握油温的变化，就是要掌握火力情况、原料情况以及投料数量三个密切相关的变量。

1. 火力情况

旺火时原料下锅的油温应低一点。因为旺火可使油温迅速升高，如果原料在火力旺、油温高时下锅，极易造成原料粘连、外焦里不熟的现象。中火时原料下锅的油温可偏高一些。因为中火加热油温上升较慢，原料下锅后降低了油温，因此实际达不到所要求的温度，造成原料因糊浆脱落、水分流失过多而变老。在操作中，如发现火力太旺、油温上升太快时，应立即将锅端离锅灶，或在锅中加入冷油，或关小火力，将油温控制在适宜的程度。

2. 原料情况

原料刚从冰箱里取出，下锅时油温可高一些。因为原料本身是冷的，原料数量多，会使油温快速下降。油温高一些，下料后正好降到所需温度，保证菜肴的质量。

3. 投料数量

投料量少的，下锅时油温可低一些。原料量少，油温降得慢而升得快，故下料时油温偏低一些，下料后正好升到所需要的温度。原料数量多则相反。

油温还应根据原料质地的老嫩和形状大小，适当掌握。

第 5 节 调味

所谓调味，简言之就是调和滋味；具体地说，就是用各种调味品和调味手段，在原料加热前、加热过程中或加热后影响原料，使菜肴具有多样口味和风味特色的一种方法。调味在烹调技艺中处于关键的地位，它直接决定了菜肴的风味和质量。

一、基础味型

基础味型是最常用的调味味型，可分为单一味（旧称基本味，如咸、甜、酸、苦等）和复合味两大类。复合味就是两种或两种以上的味混合而成的滋味，如酸甜、麻辣等。调味品也可按其所含呈味成分，分为单味调味品和复合调味品两类。但事实上单味调味品也多是复合味，只是主味突出而已。

常见的味型有以下几种：

1. 咸味

咸味是调味中的基准味。大部分菜肴都要先有一些咸味，然后再调和其他的味。例如，糖醋类的菜是酸甜的口味，但缺少不了咸味，完全用糖加醋来调味，反而变成怪味。甚至做甜菜时，也可能先加一点盐，既解腻又好吃。

2. 甜味

甜味在调味中的作用仅次于咸味（尤其在我国南方），它也是菜肴中一种主要的滋味。甜味可增加菜肴的鲜味，并有特殊的调和滋味的作用，如缓和辣味的刺激感，增加咸味的鲜醇等。呈甜味的调味品有各种糖类（如白糖、冰糖等），还有蜂蜜等。

3. 酸味

酸味在调味中也很重要，是很多菜肴所不可缺少的味道。由于酸具有较强的去腥解腻作用，所以烹制禽、畜的内脏和各种水产品时尤为必需。呈酸味的调味品主要有红醋、白醋、黑醋，还有酸梅、番茄酱、鲜柠檬汁、山楂酱等。

4. 辣味

辣味具有强烈的刺激性和独特的芳香，除可去腥解腻外，还具有增进食欲、帮助消化的作用。呈辣味的调味品有辣椒酱、辣椒粉、胡椒粉、姜、芥末等。

5. 苦味

苦味是一种特殊的味道，除有消除异味的作用外，在菜肴中略微调入一些带有苦味的调味品，可形成清香爽口的特殊风味。苦味主要来自各种药材和香料，如苦杏仁、柚皮、陈皮等。

6. 鲜味

鲜味可使菜肴鲜美可口，其来源主要是原料本身所含有的氨基酸等物质。呈鲜味的调味品主要是味精、鸡精、鸡粉，还有高汤等。

7. 香味

应用在调味中的香味是复杂多样的，其作用是使菜肴具有芳香气味，刺激食欲，还可去腥解腻。可以形成香味的调味品有酒、葱、蒜、香菜、桂皮、大茴香、花椒、五香粉、芝麻、芝麻酱、芝麻油、香糟，还有桂花、玫瑰、椰汁、白豆蔻、香精等。

二、复合味型

1. 酸甜味

呈酸甜味的调味品有番茄沙司、番茄汁、山楂酱、糖醋汁等。

2. 甜咸味

呈甜咸味的调味品有甜面酱等。

3. 鲜咸味

呈鲜咸味的调味品有鲜酱油、虾子酱油、虾油露、鱼露、虾酱、豆豉等。

4. 辣咸味

呈辣咸味的调味品有豆瓣辣酱（四川特产）、辣酱油等。

5. 香辣味

呈香辣味的调味品有咖喱粉、咖喱油、芥末糊等。

6. 香咸味

呈香咸味的调味品有椒盐和糟油、糟卤等。

以上都是调味料呈现的滋味。将各种基础的味型进行有机组合，可以变化出无穷无尽的复合味。如何让各种复合味适合人们的口味、爱好，是厨师手艺高低的一个衡量标准。

三、调味的方式

1. 原料加热前的调味

调味的第一种方式是原料加热前的调味，可称为基础调味。其主要目的是使原料先有一个基本的滋味，并解除一些腥膻的气味。具体方法就是用盐、酱油、黄酒或糖等调味品把原料调拌一下或浸渍一下。用于炸、熘、爆、炒的原料往往要结合挂糊上浆，加入一些调味品；用蒸的方法制作的菜肴，其原料事先也要进行调味。

2. 原料加热过程中的调味

调味的第二种方式是在原料加热过程中的调味，即在加热过程的适当时候，将调味品投入，可称为进行中调味。这是具有决定性的调味，大部分菜肴的口味都是在这一调味阶段确定的。有些用旺火短时间快速烹调的菜，往往还需要先把一些调味品调成"兑汁"（也叫"预备调汁"），在烹制时迅速泼入。

3. 原料加热后的调味

调味的第三种方式是原料加热后的调味，可称为辅助调味。通过这一阶段的调味，可以增加菜肴的滋味。这适用于在加热过程中不能进行调味的某些烹调方法。如用来炸、蒸的原料，虽都经过基础调味的阶段，但由于在加热过程中不能调味，所以往往要在菜肴制成后，加上调味品或跟调味品上席，以补基础调味不足。例如，炸菜往往需佐以番茄汁、辣酱油或椒盐等；至于涮菜（火锅），在加热前及加热过程中均不能进行调味，故必须在加热后进行调味。

四、调味要掌握的原则

1. 下料必须恰当、适时

在调味时，所用的调味品和每一种调味品的用量必须恰当。为此，厨师应当了解所烹制的菜肴的正确口味，应当分清复合味中各种味道的主次。例如有些菜以酸甜为主，其他为辅；有些菜以麻辣为主，其他为辅。尤其重要的是，厨师应当做到操作熟练，下料准确而适时，并且力求下料规格化、标准化，做到同一菜肴不论重复制作多少次，调味都不走样。

2. 保持风味特色

我国的烹制技艺经过长期的发展，已经形成了具有各地风味特色的地方菜味型。在烹调菜肴时，必须按照地方菜的不同规格要求进行调味，以保持菜肴一定的风味特色。必须防止随心所欲地进行调味，把菜肴烧得口味混杂。当然，这并不是反对在保持和发扬风味特色的前提下发展创新。

3. 根据季节变化适当调和口味

人们的口味往往随着季节的变化有所不同。在天气炎热的时候，人们往往喜欢口味比较清淡、颜色较淡的菜肴；在寒冷的季节，则喜欢口味比较浓厚、颜色较深的菜肴。在调味时，可以在保持风味特色的前提下，根据季节变化，适当灵活掌握，或是通过调整菜单来适应季节的变化。

4. 根据原料的不同性质掌握好调味

（1）对于新鲜的原料，应突出原料本身的美味，而不宜被调味品的滋味所掩盖。例如新鲜的鸡、鸭、鱼、虾、蔬菜等，调味均不宜太重，也就是不宜太咸、太甜、太酸或太辣。因为这些原料本身都有很鲜美的滋味，人们吃这些菜肴，主要也就是吃它本身的滋味；如果调味太重，反而喧宾夺主。

（2）对于带有腥膻气味的原料，要酌加去腥解腻的调味品。例如牛（羊）肉、内脏和某些水产品，在调味时就应根据菜肴的具体情况，酌加酒、醋、葱、姜等调味品，以解除其腥膻气味。

（3）对于本身无显著滋味的原料，要适当增加滋味。例如，鱼翅、海参、燕窝等，调味时必须加入鲜汤，以补助其鲜味的不足。

五、调味品的保管与合理放置

调味品必须妥善保管。如果容器不妥，保管放置的方法不当，就可能导致调味品变质或使用紊乱。

1. 选择器皿

应根据调味品不同的物理性质和化学性质选用盛器。调味品的品种很多，有液体，有固体，还有易于挥发的芳香物质，因此对盛器的选用必须讲究。例如，金属器皿不宜存放含有盐分或醋酸的调味品，如盐、酱油、醋等，否则容易发生化学变化，因为盐和醋对很多金属有腐蚀作用，易使容器损坏，调味品变质。而且金属溶解在酱、醋中，还会引起污染。透明的器皿不宜存放油脂类调味品，因为油容易在日光照射下氧化变质。陶瓷、玻璃器皿不能注入高温热油，否则可能爆裂。

2. 注意保存环境

（1）温度。如近旁环境的温度过高，则糖易溶化，醋易浑浊，葱、蒜易变色。

（2）湿度。如近旁环境太潮湿，则盐、糖易溶化，酱、酱油易生霉；但如太干燥，葱、蒜、辣椒等易变质。

（3）日光和空气。例如油脂类多接触日光易氧化变质，姜多接触日光易生芽，香料多接触空气易散失香味等。

3. 科学保管

（1）先进先用。调味品一般均不宜久存，所以在使用时应先进先用，以避免储存过久而变质。虽然少数调味品如黄酒等越陈越香，但开瓶后也不宜久存。有些大兑汁调料当天未用完，要放进冰箱，第二天重新烧开后再使用。

（2）掌握数量。需要事先加工的调味品，一次不可加工太多。如湿淀粉、香糟、葱花、姜末等，都要根据用量掌握加工，避免一次加工太多造成变质浪费。

（3）分类储存。例如同是植物油，没有使用过的清油和炸过的浑油必须分别放置，不宜相互混合，以免影响质量。湿淀粉每日应调换清水。酱油如储存较久，可煮沸一下继续储存，以免生霉。

4. 合理放置

烹调菜肴时要求动作迅速，因此日常使用的调味品装盛器皿必须放在靠近右手的灶面上或灶旁的桌子上，以便取用。但这些调味品器皿的放置，应有一定的位置。一般原则是：先用的放得近，后用的放得远；常用的放得近，少用的放得远；有色的放得近，无色的放得远，同色的应间隔放置；湿的放得近，干的放得远；易变质的葱、蒜、醋、生粉等要远离热源。

第6节　勾芡

勾芡也称着芡、拢芡、着腻。芡即芡实，为水生植物，俗称鸡头米。芡实多淀粉，加水加热会糊化令水（汤汁）变稠。业内将富含淀粉质的一类原料统称为芡粉。芡汁是一种稠状液体，一般用淀粉加水或再加各种调味品兑成。菜肴在接近成熟时，将调好的芡汁浇淋或泼洒在菜肴中，利用淀粉受热糊化，使卤汁变黏变稠，能使菜肴色泽光洁润滑，滋味醇厚。这个过程就叫勾芡。

在我国菜肴中，特别是用爆、炒、熘、烧、烩、扒等技法烹调的菜肴，大多要勾芡。无论是从对菜肴质量所起的作用，还是从操作特点上看，勾芡都是菜肴制作过程中的一道重要工序。

一、勾芡的作用

菜肴在烹制加热过程中离析出的水分、营养成分和液体调味品一起形成滋味鲜美的汤汁，如经勾芡，这些汤汁就能依附在菜肴原料表面，使原料和汤汁融合在一起，变成汤汁稠厚、汤菜融合的佳肴，起到保证脆嫩，融合汤、菜，突出主料，色艳光洁，保温性好等作用。对不同的烹调方法，勾芡能发挥的作用可归纳为以下几个方面：

1. 帮助入味

勾芡能使汤菜融合，弥补短时间烹调不入味的不足。这是因为菜肴在烹调中，原料内部溢出的水分和加入的液体调味品及水，在较短的烹调时间内，不可能全部被吸收或蒸发，尤其是爆、熘、炒等旺火菜更难做到。勾芡以后，由于淀粉的糊化黏性作用，把原料溢出的水分和加进的液体调味品变成卤汁，又稠又黏，稍加颠翻，就均匀裹在菜肴上，汤料混为一体，既达到汁少汁紧的要求，又解决了不入味的矛盾。

2. 保证脆嫩

这种作用在熘菜中最为明显。大部分熘菜的最大特点就是外香脆、内软嫩，如糖醋鱼等。这类菜肴都要经炸或煎处理，但在回锅调味时，调味汁渗透到原料的表面，就会使之发软，破坏了香脆的效果。对于这类菜肴，假如在调味汁中加入淀粉，先在锅内勾芡，使调味汁变浓变稠，成为卤汁，在较短的时间内裹在原料上又不易渗进原料，这样就保证了菜肴外香脆、内软嫩的风味特点。

3. 融合汤菜

这种作用在烩、煮等菜肴中最为明显。这类菜的特点是汤水较多，特别是原料本身的鲜味和调料的滋味都要溶解在汤汁中，汤味特别鲜美。但缺点是汤、菜分家，不能融合在一起。勾芡以后，由于淀粉的糊化作用，提高了汤汁的浓度，使汤、菜融合一起，不但增加菜肴的滋味，还产生了柔润滑嫩等特殊效果。所以在这一类菜肴中，除部分菜外，都要适当勾芡，以提高菜肴的风味特色。

4. 突出主料

有些汤菜汤水很大，主料往往沉在下面，上面见汤不见菜，特别是一些名菜，如烩乌鱼蛋等，若主料不浮在汤面，则影响了菜的风味质量。采用勾芡办法，适当提高汤的浓度，使主料浮上，突出了主料的位置，而且汤汁也变得滑润可口。

5. 增加色泽

由于淀粉受热变黏后，产生一种特有的透明光泽，能把菜肴的颜色和调味品的颜色更加鲜明地映衬出来，因而勾芡的菜肴比不勾芡的菜肴色彩更鲜艳，光泽更明亮，显得洁爽美观，起到"锦上添花"的作用。

6. 保温性好

这是由于芡汁裹住了菜肴的外表，减缓了菜肴内部热量的散发，能较长时间保持菜肴的温度，特别是对一些需要热吃的菜肴（冷了就不好吃），不但起到保温作用，实际上也起了保质作用。

7. 减少营养成分的损失

勾芡还可使菜肴在烹调过程中溶解到汤汁里的维生素和其他营养物质黏附在糊化的芡汁里，而不至于随剩下的菜汤流失掉。

二、勾芡的原料及特点

勾芡的原料主要是淀粉和水。其中淀粉的种类很多，常用的有以下几种：

1. 绿豆淀粉

绿豆淀粉细腻、黏性足，颜色洁白微带青绿色，有光泽。但吸水性较差，因此要掌握好用量，并在使用前将其浸在水中泡透，还要经常换水，否则容易变质。用绿豆淀粉勾芡可使菜中的卤汁非常均匀，无沉淀物又不吃油。冷却后水不易从浓稠的卤汁中分离出来，效果极好。

2. 土豆淀粉

土豆淀粉质地细腻，在所有淀粉中首屈一指，质量与绿豆淀粉差不多，并具有光泽鲜明的特点，勾芡后汤汁会有丝绸般的柔滑。但勾芡后吸收水分的能力略差，长时间放置易泻芡。

3. 玉米淀粉

这种淀粉糊化后黏性足，吸水性比土豆淀粉强，有光泽。脱水后脆硬度强于其他淀粉。

4. 麦淀粉

这种淀粉黏性和光泽均较差，使用时用量必须比土豆淀粉多一些，否则勾芡后易沉淀。

5. 蚕豆淀粉

蚕豆淀粉黏性足，吸水性较差，色洁白、光亮，质地细腻。它是我国江南一带使用较为普遍的勾芡原料。

6. 山芋淀粉

山芋淀粉黏性差，吸水性较强，无光泽，色暗红带黑，质量最差。勾芡后易沉淀，使用时，量必须多一些。

三、勾芡的种类

各地的厨师对勾芡都有不同的分法和叫法，如从色泽上分为红芡、白芡等；从成分上分为加调味品的兑汁芡和不加调味品的水粉芡等；从用法上分为碗芡（即事先在碗中兑好的芡汁）、跑马芡（在锅内勾芡）等。但是根据不同烹调方法、不同菜肴特点，主要还是按芡汁的稠度分为厚芡、薄芡两大类。

1. 厚芡

在调制时，用的淀粉多，加的水分或液体调味品少，勾芡后浓度大，黏稠。这种芡又可分为最厚芡和较厚芡两种，使用的生粉与水的比例在1∶5、1∶6左右。

（1）最厚芡。一般习惯称为包芡、立芡，这种芡是芡中最稠的，大多数加液体调味料，也就是兑汁芡，主要用于爆、熘、炒等技法，比较适应旺火速成的烹调技法的需要。勾芡以后，菜肴的汤汁稠浓，包裹在原料表面，盛入盘内菜肴不散、不流汁，吃完菜后盘内基本无汁。但也有不加液体调味料的厚芡（只用清水调成），这主要是因为烹调的菜肴对下调料的先后次序有严格要求，不能将调料混在厚芡里一起下锅，只有在下调料后才勾厚芡。

（2）较厚芡。较厚芡又称糊芡，适用于烧、焖的技法。勾上糊芡后，汤汁变浓，汤、菜融合，柔软润滑，口味变厚。这种芡一般不加液体调味品，浓度也比最厚芡略稀，以使汤水成糊状为准。

2. 薄芡

薄芡统称熘芡、流芡，在调制时，芡的浓度也较稀。但因菜肴的要求不同，大体也分为稀芡和最稀芡两种，使用的生粉与水的比例在1∶10、1∶20左右。

（1）稀芡。有的叫琉璃芡、二流芡。这种芡勾好后，一部分挂在菜肴上，一部分从菜肴上流向盘中。这种芡大都加液体调味料，适用于熘菜，特别适用于熘菜中的大型或整只（条）菜肴。

（2）最稀芡。最稀芡又称米汤芡，即勾芡浓度只能像米汤那样稀，是芡中浓度最稀最薄的，多用于烩菜。它能使菜肴的汤汁变得浓度稍大一些，以便主料浮起，口味变得较厚。

四、勾芡的基本手法

勾芡的手法是勾芡技术的基本内容，勾芡的质量往往取决于手法的应用。手法错了，对菜肴质量的影响是很大的。勾芡手法也是根据不同烹调技法而定的，归纳起来，大体分为拌、浇、淋三种。

1. 拌

拌法多用于爆、炒、熘等旺火速成技法的厚芡类，勾芡以后，芡汁全部包裹在菜肴上。具体做法又分为两种：一种是碗内调芡（即淀粉加调味品、水等在碗内调好），待锅内菜肴快成熟时倒入锅内，搅拌和颠翻，使芡汁受热变黏，均匀地包裹在菜肴上；另一种是菜肴滑油成熟后盛出，在锅内调味勾芡，待芡汁变黏，再将菜肴倒入翻拌，一见裹匀即出锅。这两种方法相比较，前一种难度较大。

2. 浇

浇法多用于熘或扒，特别是熘大块、整只（条）菜肴。这类菜肴，或是要求菜肴整齐美观，不宜在锅内翻拌；或是菜肴体积大，不能在锅内翻拌，因而采用浇法较合适。这种方法与拌法的后一种做法相似，即在原料达到出品要求时盛出，把调好的碗芡倾入锅内加热，待芡汁变黏，端起锅，把芡汁均匀地浇在菜肴上，使芡汁附着在菜肴上，并向盘内呈流滴状态。

3. 淋

淋法多用于煮、烩、烧等技法，目的是使汤汁稠浓，促使汤、菜融合，因而这类芡汁多为清芡，即不加调味品的水粉芡。具体做法是：当锅内菜肴已接近成熟时，一手持锅缓缓晃动，一手舀芡汁均匀淋入，边淋边晃，直到汤汁变浓，汤、菜融合为止。这种手法技术难度较高，即两手要配合得很好，淋得要匀，晃得也要匀，才能使整个菜肴和汤汁均匀结合起来。有的菜肴不用晃法，而是一边淋、一边用手勺轻轻推动，使之均匀。手法不同，效果相同。

以上三种勾芡手法要根据原料大小、火力强弱、烹调方法、菜品要求等不同情况，灵活运用。

五、勾芡的操作要领

无论使用何种手法，都要使芡汁成熟。一般来说，芡汁在锅内时间不能太长，要较快地使之变黏出锅。如果时间过长，可能发焦变味。因此，在勾芡过程中，必须掌握好以下几个关键因素：

1. 搅拌要均匀

要使淀粉颗粒在水中充分溶解，不能夹有粉粒疙瘩，否则影响勾芡的效果。

2. 勾芡要适时

要根据不同的烹调技法，把握不同的勾芡时机。爆、炒类技法要求口味脆嫩、爽滑，因此必须在菜肴接近成熟时勾芡，过早过迟都容易发生问题，如菜肴半熟时勾芡，为了保证菜肴成熟，芡汁在锅内停留时间必须延长，这样容易引起芡汁焦煳现象；如菜肴过熟时勾芡，因芡汁要有个受热变黏的过程，这样菜肴就易"过火"，失去脆嫩风味；或为了保证菜肴脆嫩，缩短芡汁受热时间，芡汁就不黏不稠，这样也起不到勾芡的作用。而烧、烩、扒的技法，则要等菜肴完全成熟时勾芡。

3. 汤汁用量要正确

不同的勾芡，都要有不同量的汤汁与之适应，过多过少都会破坏勾芡的效果。例如拌芡要求没有汤汁或汤汁很少，淋芡的汤汁必须适当。当汤汁过多，影响勾芡效果时，作为补救，可用旺火收汁，或舀出一些；汤汁过少，则要添加一些，以与勾芡相适应。但添加汤汁时，要从锅边淋入，不能直接浇在菜肴上，否则会冲淡菜肴的色泽和口味，即造成色彩不匀、浓淡失调等问题。

4. 口味要确定

由于勾芡的芡汁分为加调味品和不加调味品两种，所以，加调味品的芡汁一定要在兑碗芡时调正口味；不加调味品的芡汁必须先把锅内菜肴口味确定后，再进行勾芡。这是因为，如不事先调好口味勾芡，勾芡后再加调味品，则很难入味，即芡粉变黏变稠后，调味品难以与汤汁均匀混合，使菜肴的口味无法再进行调整。

5. 火力要足

下芡时要汤汁沸滚。这是因为芡汁受热糊化时，将逐步阻碍热的传导（当然这也是芡汁保温好的原因）。如果汤汁未开或火力过小很容易使芡汁成熟不均匀。而芡汁不能完全成熟所造成的最大弊病就是淀粉腻味突出，严重影响菜肴本身的美味以及光泽。当然，即使在火力足、汤汁多的情况下，也还要密切注意观察芡的成熟分布情况，以便分次下芡，取得令人满意的效果。例如，烧菜时可以观察锅中哪处起泡，即说明那里缺芡，及时补芡后最终使芡均匀地粘裹住菜肴。

6. 底油不能多

芡粉受热吸水糊化，油多了会影响芡粉吸水，且使芡汁难以包裹原料。如果勾芡前发现底油过多，可用手勺撇去一些，直至适量；底油过少也不行，会使芡汁成熟时严重粘锅，以至焦煳。

第7节　菜肴装盘技术

一、装盘的要求及盛器的配合

1. 菜肴盛装的重要性

盛装就是将已制熟的菜肴装入盛器中，它是整个菜肴制作的最后一个步骤，也是烹调操作基本功之一，不可忽略。盛装的好坏，不仅关系到菜肴的形态是否美观，和菜肴的清洁卫生也有很大的关系，因为盛装以后，菜肴便不再进行加热消毒。

2. 菜肴盛装的要求

（1）注意清洁，讲究卫生。菜肴经过加热，已经起了消毒杀菌作用。如果盛装时不注意清洁卫生，让细菌或灰尘沾染上菜肴，就失去了烹调时杀菌消毒的意义。因此，应当做到：菜肴必须装在经过消毒的盛器内；手指不可直接接触成熟的菜肴；在盛装时不可用手勺敲锅，锅底不可靠近盘的边缘，更不应用抹布擦拭盘边，使已消毒的盛器重新污染。

（2）菜肴要装得形态丰满，整齐美观，主料突出。菜肴应该装得饱满丰润，不可这边高、那边低，而且要突出主料。如果菜肴中既有主料又有辅料，则主料要装得突出醒目，不可被辅料掩盖，辅料则对主料起衬托作用。例如回锅肉，盛装后应让人看到盘中肉片很多。如果盛装后让橄榄菜掩盖了肉片，就喧宾夺主了。即使是单一料的菜，也应当注意突出重点。例如清炒虾仁，虽然一盘中都是虾仁，但要运用盛装技术把大的虾仁装在上面，以增加饱满丰富之感。

（3）要注意菜肴色和形的美观。盛装时还应当注意整个菜肴的色和形的和谐美观，运用盛装技术将原料排列成适当的形状，同时注意主辅料的配合，使菜肴在盘中色彩鲜艳、形态美观。例如：下巴划水（青鱼尾巴）应在盘中排成扇形；红烧肚（青鱼腹部）应平行整齐排列；南乳肉应装在盘的正中，四周或两头用绿叶菜围边，使色泽更加鲜艳（先围边）。

（4）菜肴的分装必须均匀，并一次完成。如果一锅菜肴要分装几盘，那么每盘菜必须装得均匀，不能有多有少，而且应当一次完成。如果发现有的装得多，有的装得少，一定会卤汁淋滴，影响美观。

（5）盛装要熟练快速。体现中国菜即烹即食、趁热品味的特点。

3. 盛器种类及与菜肴的配合原则

（1）盛器的种类。菜肴装盘时所用的盛器式样很多，规格大小不一，且在使用上各地也有所不同，不能一一列举，但总的原则是要追求合适和美观。常见的有以下几种：

1）腰盘（长盘）。腰盘呈椭圆像腰子状。尺寸大小不一，最小的长轴 5.5 in（in，英寸，餐具应用英制单位，1 in＝2.54 cm），最大的长轴 21 in 以上，小的可作例盘，大的多作盛鸡、鸭、鱼及宴席冷盘之用。

2）圆盘。圆形，最小的直径 5 in，最大的直径在 20 in 以上，用途与腰盘相同。

3）汤盘。盘底较深，最小的直径 6 in，最大的直径约 12 in 以上，主要用于盛装烩菜或汤汁较多的菜。有些分量较多的炒菜（如炒鳝糊）往往也用汤盘。

4）汤碗。汤碗专作盛汤之用。直径一般为 5～12 in。另外还有一种有盖的汤碗，叫品锅，作盛整只鸡、鸭等汤菜用。

5）扣碗。扣碗专用于盛扣肉、扣鸡、扣鸭等，直径一般为 5～8 in。另外还有一种扣钵，一般用来盛全鸡、全鸭、全蹄等。

　6）砂锅。砂锅既是加热用具，又是上席的盛器。特别是散热慢，故适用于煨、焖等需要用小火加热的烹调方法。原料成熟后就用原砂锅上席，因热量不易散失，可有良好的保温作用。砂锅规格不一，最小的直径 4 in，中等的直径为 6～8 in，大的直径为 12 in 以上。

　7）火锅。火锅有用铜、锡、铝制成的，也有用陶制的。圆形，中央有一个小炉膛，可放炭（或固体燃料）燃烧，锅体在炉膛四周。还有一种"菊花锅"，用酒精为燃料，四面出火，火力较强，可以临桌将生的原料放入锅中烫，边烫边吃。

　8）汽锅。汽锅的式样古朴、特殊，是一种陶瓷蒸锅，外形扁圆，锅中心有一塔形的空心管子，从锅底通至上面接近盖子。蒸制原料时，先将原料改切成块放入锅内，再加调味品、水，然后盖上盖子，把汽锅放在一口盛水的锅上，水沸后，蒸汽从空心管子冲入汽锅，将原料蒸熟。制品质感酥香，汤汁澄清鲜醇。汽锅的规格有五六种之多，大的直径 10 in 左右，小的直径 3～4 in，还有更小的。

　9）特色盛器。特色盛器指一些象形盘或形态不规则的盛器，如一些紫砂器做成蟹形、菜叶形、四方形、六角形等。盘子的颜色也不单纯为白色，有黑、淡绿、淡黄等。还有一些金、银、竹、木制成的工艺器皿等。这些特色盛器对菜肴来说是一种天然的装饰，既美观又高雅，具有很强的艺术感染力。

　（2）盛器与菜肴的配合原则。毫无疑问，菜肴制成后，都要用盘、碗盛装才能上席食用。值得注意的是不同的盛器对菜肴有着不同的作用和影响。一盘菜肴如果用合适的盛器装盛，可以把菜肴衬托得更加美观，给人以赏心悦目的感觉。所以应当重视菜肴与盛器的配合，其一般原则是：

　1）盛器的大小应与菜肴的分量相适应。量多的菜肴应用较大的盛器，量少的菜肴应该用较小的盛器。如果把量少的菜肴装在大盘、大碗内，就显得分量单薄；把量多的菜肴装在小盘、小碗内，菜肴在盛器中堆积得很满，甚至汤汁溢出，不但令人有臃肿不堪之感，而且还影响清洁卫生。一般情况是，装盘时菜肴不能装到盘边，应装在盘的中心圈内；装碗时菜肴应占碗容积的 80%～90%，汤汁不要浸到碗沿。

　2）盛器的品种应当与菜肴的品种相配合。盛器的品种很多，各有各的用途，必须用得恰当。如果随便乱用，不仅有损美观，而且还会使食用不便。例如一般炒菜、冷菜都宜用腰盘、圆盘；整条的鱼宜用腰盘；烩菜及一些带汤汁的菜肴（如煮干丝、炒鳝糊等）宜用汤盘；汤菜宜用汤碗；砂锅菜宜将原砂锅上席；全鸡、全鸭宜用瓷品锅等。

　3）盛器的色彩应与菜肴的色彩相协调。盛器的色彩如果与菜肴的色彩配合得宜，就能把菜肴的色彩衬托得更加鲜明美观。当然，洁白的盛器对大多数菜肴都是适用的。但是，有些菜肴如用带有彩色图案的盛器来盛装，就更能衬托菜肴的特色。例如糟熘鱼片、芙蓉鸡片、炒虾仁等装在白色的盘中，色彩就显得单调，假如装在带有淡绿色或淡红色花边的盘中，就鲜明悦目了。

4）盛器的价值要与菜肴的价值相配合。昂贵的菜应当用昂贵的盛器放置，即"美器配美食"。

二、凉菜装盘

1. 凉菜拼摆的形式

（1）单拼。单拼也叫独盘、独碟，就是每个盘中只放一种冷菜原料。单拼讲究各种形式的装盘，有圆形、馒头形、桥形、马鞍形、三角形、盘叠形等。还有一种高装冷盆，将原料切成条状，堆叠到一定高度。

（2）双拼。双拼是将两种不同原料拼在一起。双拼不但讲究刀工整齐，而且要合理安排色彩，适当搭配原料，使冷盘丰满美观。

（3）三拼。三拼是将三种不同原料拼在一起，要求与双拼相同。四拼、五拼也是同样方法，只是多加几种原料。

（4）什锦冷盘。什锦冷盘是将许多不同色彩、不同味道的冷菜，经过切配拼置在一个大盘中。如果选用不带骨的原料，又拼得平整，称为平面什锦冷盘。这种拼摆技术要求严格，刀工熟练，拼成的冷盘才美观大方、精巧细腻、色彩绚丽。

（5）花色冷盘。花色冷盘就是将各种成品原料加工切配好，在选好的盘内拼成各式各样的图案。这种拼摆要求加工精细，选料严格，拼成图案要实用，形象生动逼真，色彩鲜艳，引人食欲。

2. 凉菜拼摆的手法

（1）排。排就是将原料切成或处理成不同形状的块或片，或是原料加热后形成自然形状，并列排放在盘内。排有并行排列、弧形排列、四角形排列等多种形式，呈锯齿形、半圆形、圆形等。总体上要根据不同原料和设计构思进行排列。

（2）堆。堆就是将刀工处理好的原料堆入盘内。这种方法用于单拼或双拼，在盘内可以堆出不同形状的简单图案，明快美观。

（3）叠。叠一般是将原料切成片摞在一起。用这种方法可叠出叶形、梯形、桥形、马鞍形等多种形式。制作时可在砧板上直接叠好用刀铲入盘内，也可切成片在盘内叠成。

（4）围。围指将原料切成片在盘内排围一圈，中间可放置其他原料或点缀物，如盘内围一圈松花蛋，中间可放置拌好的鸡丝、黄瓜丝，这样使冷盘菜既清爽又美观。

（5）摆。摆就是运用精细的刀工技艺，把各种原料切成不同形状，拼摆成各式各样的彩色图案或图形。运用这种方法要掌握扎实的匹配技术，才能使拼摆出的图案、图形清爽利落，形态逼真。

(6) 覆。覆就是将原料切成片或丝，覆在垫底用的原料之上。如"牡丹彩拼"，就是将原料切成花瓣形的片，整齐地覆在垫底的鸡丝之上，呈一朵牡丹花形，既美观又大方。

三、热菜装盘

1. 炸、炒、熘、爆菜的盛装法

炸、炒、熘、爆的菜，性质类似，装盘要求大体一致，但某些类型的菜又各有其不同的装法。菜装在盘中的形态应与盛器的形状相适应，如圆盘装成圆形，腰盘装成椭圆形。菜肴不可装到盘沿。如两味菜同装一盘，应力求分量平衡，不宜此多彼少；还要界限分明，不要混在一起。如一个菜有卤汁，另一个菜无卤汁或卤汁很少，应先装有卤汁的，再装无卤汁或卤汁很少的。例如将番茄鱼片和酱爆鸡丁拼装在一个盘中，前者有卤汁而后者基本上无卤汁，就应先装番茄鱼片，因为即使它的卤汁流在盘底，酱爆鸡丁盖上后，在形和色等方面均无大的影响。如果先装酱爆鸡丁，后装番茄鱼片，那么，番茄鱼片的汁一定会流在鸡丁四周，对形和色的影响就大了。

(1) 炸制菜的盛装方法。炸制菜的特点是无芡无汁，块块分开。装盘的方法及关键是：先将菜肴倒（或捞）在漏勺中，沥干油。从漏勺中将菜倒入盘中，倒时可用筷子或铁勺挡一挡，以防止倒出盘外。装盘后发现原料堆积或排列的形态不够美观，可用筷子将菜肴略加拨动调整，使其均匀饱满，切不可直接用手操作。

(2) 炒、熘、爆菜肴的盛装法

1) 左右交叉轮拉法。一般适用于形体较小的不勾芡或勾薄芡的菜。操作的关键是：装盘前应先颠翻，使形体大的翻在上层，形体小的翻在下层；用手勺将菜肴拉入盘中，形体小的垫底，形体大的盖面；拉时一般可左拉一勺，右拉一勺，交叉轮换，不宜直拉。例如清炒虾仁，盛装前应先将锅颠翻几下，使个大的虾仁翻在上面，个小的翻在下面。然后用勺轻轻地将上面的大虾仁拉在锅内的一边（左边或右边），再用手勺将小虾仁拉入盘中。拉时一勺拉得不宜太多，更不可对直向盘中拉。因为直着拉，锅中后面的虾仁易于向前倾滑下来，大小又混在一起了，所以应当用左右交叉轮拉法，也就是在拉小虾仁时，一勺从左边，一勺从右边轮流向盘中交叉斜拉，待小虾仁全部拉完，最后将大虾仁盖在上面。

2) 倒入法。一般适用于质嫩易碎的勾芡的菜，往往是单一料或主辅料无显著差别的菜。该法的关键是，装盘前应先大翻锅，将菜肴全部翻个身，倒入时速度要快，锅不宜离盘太高，倒时将锅迅速向左移动才能保证原料不翻身，均匀摊入盘中。如糟熘鱼片，在装盘前先应进行一次大翻锅，使鱼片肉朝上，皮朝下。因鱼片很嫩，极易破碎，不可用手勺

过多接触，鱼片应整齐均匀地摊在盘中。因此，装盘时应当用一次倒入法，倒时锅保持一定的斜度，一面迅速倒入，一面将锅迅速向左移动。

3）分主次倒法。一般适用于主辅料差别比较显著的勾芡菜。该法的关键是：先将辅料较多的剩余部分倒入盘中，然后将锅中主料较多的部分覆盖在上面，使主料突出。

4）覆盖法。一般适用于基本无汁的勾芡的爆菜。该法的关键是：盛装前先翻锅几次，使锅中菜肴堆聚在一起；在进行最后一次翻锅时，用手勺趁势将一部分菜肴扣入盘内，再将锅中余菜全部翻入手勺内，覆在盘中，覆时应略向下轻轻地按一按，使其圆润饱满。例如油爆肚、葱爆羊肉等菜肴一般都用这种方法装盘，因为这些菜肴卤稠而黏度大，故不宜用倒或拉的方法。

2. 烧、炖、焖菜的盛装法

烧、炖、焖等烹调方法，多用大型或整只原料，装盘方法大致相同。

（1）拖入法。一般适用于整只原料（特别是整鱼）。方法及关键是：先将锅略掀一下，趁势将手勺迅速插到原料下面；再将锅移近盘边，把锅身倾斜，用手勺连拖带倒地把菜肴拖入盘中。拖时锅不宜离盘太高。例如红烧黄鱼盛装时，就是先将锅掀一下，趁势将手勺迅速插到鱼头下面，然后端锅至盘子上方，把锅身向前倾斜，一面用手勺拖住鱼头带动鱼身向盘中拖下，一面增加锅的倾斜度，连拖带倒迅速把鱼装入盘中。装时，向下倾斜的锅不宜离盘太高，否则鱼易碎。

（2）盛入法。一般适用于单一或多种不易散碎的块形原料组成的菜肴，方法及关键是：用手勺将菜肴盛入盘中，先盛小的、差的块，再盛大的、好的块，并将不同的原料搭配均匀。勺边不可将菜肴戳破。盛时若勺底沾有汤汁应在锅沿上刮一下，防止汤汁淋落在盘边上。例如红烧肉、剥皮大烤、炒三鲜等都是用这种盛装法。肉块往往有大小、形状完整与否之别，应先将小的、差的块盛入盘中垫底，再将大的、好的块装在上面。炒三鲜用料多种多样（如鸡块、爆鱼、肉块、肉皮、肉丸、鱼丸、猪肝、猪爪等），装盘时必须适当搭配，不可使某一种原料都在上面，某一种原料都在下面。用盛入法就易于进行搭配。盛时还应注意，不可将肉块或肉丸、鱼丸戳破。

（3）扣入法。一般适用于事先根据不同需要将原料在碗中排列成图案或排成整齐圆满的菜肴。方法及关键是：先将成熟后的菜肴一块一块紧密地排列在碗中。排时应将菜肴正面向着碗底，先排好的、大的块，再排小的、差的块；先排主料再排辅料。菜肴应排平碗口，不可排得太多或太少。排好后用盘反覆在碗口上，然后迅速翻转过去，将碗拿掉。例如扣肉、黄焖栗子鸡等菜都是用这种扣入法盛装的。取大小适当的碗一只，用筷子将菜肴一块一块地紧密而整齐地排列在碗中。排时应将菜肴正面（即带皮的一面）向着碗底，先排质量好、形状整齐的块（如黄焖鸡中的鸡脯肉、鸡腿肉，扣肉中瘦肥适当、形态完整的肉）；排满碗底后，再将质量和形状较差的排在上面。菜肴应排得与碗口齐平，不可太多、太少，或有凹凸不平的现象。排好后用盘子倒置在碗上，要覆在盘的正中，然后迅速连盘带碗一齐翻转过去，再将碗轻轻拿掉。

3. 烩菜的盛装法

（1）羹汤一般装至占盛器容积的 90％ 左右，如羹汤超过盛器容积的 90％，就易溢出容器，而且在上席时手指也易接触汤汁，影响卫生。但也不能太浅，太浅则失去丰满感。

（2）有些菜的主料和浮油先用勺盛起，到最后才浇上去。有些需要使主料浮在上面，或需要有"油面"（即菜肴成熟后淋上去的油）的菜肴，应将主料或浮油盛在勺中，将其余部分装入盘中，再将勺中的主料或浮油倒在上面。

4. 汤菜的盛装法

（1）汤汁装入碗中，一般以装至离碗的边沿约 1 cm 处为宜。

（2）大型原料应将菜肴整齐地扣入碗中，再将汤沿着碗边缓缓倒下，不可冲动菜肴。因为菜肴扣入碗中时，已经排列整齐，如果将汤从中间冲下，势必破坏菜肴的整齐形态，同时汤汁又会溅出碗外。

（3）小型易散碎的原料扣入碗中后，还应当用勺将菜肴盖住，再将汤从手勺中倒下。例如扣三丝、扣三鲜等由于原料十分细小，即使汤从碗边缓缓倒入，菜肴也会被冲乱。

5. 部分整只或大块菜肴的盛装实例

（1）整鸡、整鸭的盛装。整鸡、整鸭应腹部朝上，背部朝下，头应置于旁侧。鸡、鸭颈部较长，因此头必须弯转过去，紧贴在身旁。

（2）蹄髈的盛装。蹄髈应皮朝上，骨朝下。因为蹄髈的外皮色泽鲜艳，圆润饱满，故应朝上。

（3）整鱼的盛装。单条鱼应装在盘的正中，腹部有刀缝的一面朝下。两条鱼应并排装盘，腹部向盘中，背部向盘外，紧靠在一起。装盘后如果需要浇卤汁，应从头部向尾巴浇，全面浇均匀。因浇卤汁时往往是先浇下去多，后浇下去少；鱼的近头部肉多，应多浇一些，尾部肉少，可少浇一些。

思 考 题

1. 翻锅有哪些基本要求？
2. 什么是火候？掌握火候有哪些要点？
3. 传热介质有哪几种？它们各自的特点是什么？
4. 运用火候的一般原则是什么？

5. 火力如何鉴别？

6. 掌握油温应注意哪些问题？

7. 常用的复合味型有哪些？

8. 调味的方法与原则是什么？

9. 烹调时调味品如何放置比较合理？

10. 勾芡的作用是什么？

11. 勾芡共有几种？分别运用于哪些菜肴？

12. 简述勾芡的操作要领。

13. 热菜的盛装有哪些基本要求？

14. 凉菜的装盘形式有哪几种？

15. 盛器与菜肴有哪些配合原则？

第 6 章

菜肴烹制前的准备

假如把站在灶台上炒菜算作正式烹调的话，那么在烹调之前有大量的准备工作要做。在厨房分工上来说，以前叫"开生货"，要上早班；现在也有叫"上杂"的。要做的工作包括焯水、油锅处理、给原料上色入味、蒸箱操作、制汤、干料涨发（制汤、干料涨发将在《中式烹调师（四级）》中讲述）等。

第 1 节　焯水

一、焯水的作用

焯水，就是把经过初步加工的原料，放在水锅中加热至断生，随即取出，以备进一步切配成型或烹调菜肴之用。

需要焯水的原料比较广泛，大部分蔬菜及一些有血污或有腥膻气味的动物类原料，都应进行焯水。焯水的作用是：

第一，可使蔬菜色泽鲜艳，口味脆嫩，如青菜、芹菜、菠菜等绿叶菜类；除去涩味、苦味或辛辣味，如笋、萝卜等。

第二，可使动物类原料中的血污排出，还可除去牛羊肉及内脏等的腥膻气味。

第三，可缩短烹调时加热的时间。经过焯水的原料，已成为半熟或已熟状态，因而烹调时，加热时间就可大大缩短，这对于一些必须在极短的时间内迅速制成的菜肴尤为必要。

第四，可以调整不同性质原料的加热时间。各种原料由于性质不同，加热成熟所需时间也不同。有些原料很快就能烧熟，而有些原料如肉类和蔬菜中的笋、萝卜、芋艿、马铃薯等，却需要加热较长的时间才能成熟。如果将成熟时间长短不一的原料同时一起加热，势必造成这一部分原料恰到好处的时候，另外的原料却不是半生，就是过了头，失去美味。焯水的作用之一，就是将那些要经过较长时间加热才能成熟的原料进行"预熟"处理，使其成熟时间同其他原料一致。

第五，可使原料便于去皮或切配加工。例如芋艿、马铃薯、山药等，生料去皮比较困难，通过焯水，去皮就很容易了。又如肉类、笋、马铃薯、茭白等，熟料比生料更便于切配加工。

二、焯水的方法

焯水可以分为冷水锅的煮与沸水锅的氽两大类：

1. 冷水锅的煮

（1）适用范围。对蔬菜类而言适用于笋、萝卜、芋艿、马铃薯、慈姑、山药等。因为笋、萝卜的涩味，只有在冷水中逐渐加热才易消除；同时它们体积都较大，需要加热较长时间才能使其成熟，如在水沸后下锅则易发生外烂里不熟的现象。对动物类而言适用于腥气重、血污多的原料，如牛肉、羊肉、大肠、肚子等。因为这些原料如在水沸后下锅，则表面会因骤受高热而立即收缩，内部血污的腥膻气味就不易排出，所以必须冷水下锅。

（2）注意事项。在焯水过程中必须经常翻动原料，使各部分受热均匀。水沸后应根据原料性质和进一步切配、烹调的要求，区别情况，决定煮的时间长短。

2. 沸水锅的氽

（1）适用范围。对蔬菜类而言适用于需要保持色泽鲜艳、口味脆嫩的原料，如青菜、菠菜、青椒、芹菜、莴笋、绿豆芽等。这些蔬菜体积小、含水量多，如果冷水下锅则由于加热时间较长，既不能保持鲜艳的色泽（细胞色素遭受破坏），又影响口味的脆嫩，而且其中维生素C等营养成分也易被破坏，所以必须在水沸后下料，并用旺火加热。对肉类而言适用于腥气小、血污少的原料，如鸡、鸭、蹄髈、方肉等。这些原料在水沸时下锅，也可去污去腥。

（2）注意事项。原料在锅中略滚即应取出。特别是绿叶菜类，加热时间切忌过长，而且必须用旺火在短时间内加热；鸡、鸭、方肉、蹄髈等焯水后的水不可弃去，可作制汤之用。有些易变色的蔬菜，如青菜、绿豆芽等，焯水后应立即放入冷水桶内继续用冷水冲凉，直至完全冷却为止。

三、焯水对原料的影响

原料在水中加热时，会发生种种化学变化，有些变化是厨师所要利用的。例如萝卜中含有很多黑芥子酸钾和淀粉，这种黑芥子酸钾能分解成一种无色透明、有辛辣味的芥子油，所以生萝卜有辛辣味。由于芥子油受热很容易挥发，萝卜焯水时，芥子油大部分挥发掉了，辛辣味也就除去了；而萝卜中的淀粉受热则因水解的作用而形成葡萄糖，增加了一些甜味。焯水也有不足之处。原料在水锅中焯水时，很多不稳定的可溶性营养成分会从原料内部溢出，造成一定的损失。例如鸡、鸭、肉等中的很多蛋白质与脂肪会散失到汤中去。当然，因为汤还可利用，从整体看损失还不大。但焯水对蔬菜来说，影响就较大了。因新鲜的蔬菜含有多种维生素，特别是含有大量的维生素C，而维生素C受热容易氧化分解，又很容易溶解于水，因此蔬菜焯水就造成维生素C的较大损失。特别是有些蔬菜在焯水后还要放在冷水中冲浸，营养成分损失更多，应当研究改进。

四、焯水的操作要领

1. 掌握焯水的时间

各种原料一般均有大小、老嫩等的不同，在焯水时必须分别对待。如蔬菜中的笋，就有大小、老嫩的差别，大的、老的，焯水时间应长一些；小的、嫩的，焯水时间就应短一些。焯水时间不足，就会感觉涩口；焯水时间太久，又会使鲜味走失。异味重又耐煮的原料焯水时间长一点，如羊肉；反之，则一烫即起，如桂鱼在蒸前的烫表处理。

2. 不同原料分别焯水

有些原料往往具有某种特殊气味，如芹菜、萝卜、羊肉、大肠等。这些原料如果与一般无特殊气味的原料同时同锅焯水，通过扩散和渗透作用，一般原料也会沾染上特殊的气味，严重影响它们的口味，因此必须分开焯水。另外，颜色深浅不同的原料也不能同锅焯水。

第2节　走油、上色和汽蒸

一、走油

走油，也称油炸或油锅处理，就是将已加工成型的原料，在油锅中加热成熟或炸制成半制成品的熟处理方法，为正式烹调缩短时间提供方便。走油可以理解为原料在油锅里走一下，有些原料尽管因为油炸而有油"出走"，但走油依然应理解为油锅处理。

这里所说的油炸和烹调技法中的炸有区别，主要表现在目的不同，前者是半成品，后者是成品。如烹制京葱扒鸭、走油蹄髈等，都要先预制好半成品，而这些半成品在制作时需要油炸后再蒸或焖，油炸是整个操作中的一道工序，这些菜大批量制作时预先油炸是必需的。

1. 走油的流程

洗净油锅→放油加热→放入原料过油→捞出备用。

2. 走油的操作要领

（1）必须用多油量的热油锅。走油时油量需多一些，要能淹没原料，使其能自由滚动，受热均匀；原料应在油温热时分散投入，火力要适当，火候要一致，防止外焦而内不透。

（2）有皮的原料下锅时应当肉皮朝下。因为肉皮组织紧密，韧性较强，故不易炸透；肉皮朝下，受热较多，炸后易达到松酥泛泡的要求。

（3）原料放入热锅时，其表面水分在高油温下急剧蒸发，油锅内会发出油爆声。油爆声转弱时，说明原料表面的水分已基本蒸发，这时应将原料推动、翻身，使其受热均匀，防止相互粘连、粘锅或炸焦。

（4）必须注意安全，防止热油飞溅，造成烫伤事故。防止的办法有两种：一是下锅时，原料与油面距离应尽量缩短，迅速放入；二是将原料的表面水分擦干。必要时用锅盖挡一下也是个办法。

（5）正确掌握好过油的油温。油温是过油的关键，油温的高低要以原料过油后的质感来确定。一般过油后要求质感细嫩柔软的原料，应用温油；要求质感外脆内嫩的原料，应用热油。

（6）投料数量与油量应成正比，这样才会使原料受热均匀。

二、上色（走红）

有些用烧、蒸、焖、煨等烹调方法烹制的菜肴，需要将原料上色后再进行烹制，这就常常要用走红的方法。走红是指将原料投入各种有色调味汁中加热，或将其表面涂上某些调味品经油炸，使原料染上颜色，增加美观的一种初步熟处理方法。例如走油肉、京葱扒鸭等菜都要走红。

1. 走红的作用

（1）增加原料的底色。各种家禽、猪肉、蛋品通过走红，能带上浅黄、金黄、橙红、金红等颜色，能配合正式烹调时的菜肴颜色定型。

（2）增香味、除异味。走红过程中，原料不是在调味卤汁中加热，就是在油锅内炸制。在调料和温油的作用下，能除去原料异味，增加香鲜味。

（3）使原料定型。走红过程中，一些走红后还需要切配的原料，因走红加热完成了收缩过程，稳定下形态，便于把握成品的规格。

2. 走红的方法

（1）卤汁走红。指在锅中放入经过焯水或走油的原料，加入鲜汤、香料、料酒、糖色（或酱油）等，用小火加热至达到菜肴所需要的颜色。卤汁走红一般适用于鸡、鸭、鹅、猪肉、蹄肘等原料的上色，配合烧蒸类的定色。如红烧全鸡、芝麻肘子、九转大肠等菜肴，就是先经焯水或走油，再放在深色的卤汁内烧上色后，装碗加原汁上笼蒸至软熟或红烧而成的。卤汁走红的加工程序是：整理原料→调制卤汁→加热→备用。

（2）过油走红。指在原料（有些经过焯水）表面涂抹上料酒或饴糖、酒酿汁、酱油、面酱等，放入油锅油炸上色。过油走红一般适用于鸡、鸭、猪肉等原料的上色，用以制作、烧、蒸、卤类烹调方法的菜肴。如咸烧白、甜烧白等菜肴的坯料就是这样制作的：先将猪的方肉（带皮）刮洗干净，放入水锅煮至断生，捞出擦干水分，涂抹上饴糖或酱油、料酒等，放入油锅，再炸至皮呈橙红色即可。过油走红的加工程序是：铁锅放入油脂→加热→放入原料→过油走红→捞出备用。

3. 走红的操作要领

（1）卤汁走红应按菜肴的需要，掌握有色调味品用量和卤汁颜色的深浅。

（2）卤汁走红时先用旺火烧沸，及时改用小火加热，使味和色缓缓地染上原料。

（3）过油走红要把料酒、饴糖等调味品均匀地涂抹在原料表面，油温掌握在六成以上，这样可较好地起到上色的作用。

（4）控制好原料在走红加热时的成熟程度，迅速转入烹调，才不致影响菜肴的质量。

（5）鸡、鸭、鹅等应在走红前整理好形状，走红中应保持原料形态的完整。

三、汽蒸

汽蒸在烹调上属于笼锅工作的范畴，指将已加工整理的原料入笼，采用不同火力加工成半成品的初步熟处理方法。汽蒸是颇有特色的加热方式，有较高的技术性，要求控制好原料的性质、蒸制后的质感、火力的大小、蒸制时间的长短等。

1. 汽蒸的作用

（1）汽蒸能保持原料形整不烂，酥软柔嫩。原料经整理加工后入笼，在封闭状态下加热，不经翻动，成熟后亦保持原形；并且在不同火力、不同的加热时间作用下，原料会有不同的质感。

（2）汽蒸能更有效地保持原料的营养和原汁原味。汽蒸的原料，既不经高温，又在湿度饱和状态下加热，所以能减少营养物质受高温破坏或被水溶解流失的程度，使菜肴具有最佳呈味效果。

（3）汽蒸能缩短烹调时间。原料通过汽蒸，已基本符合成菜的质感要求，所以缩短了正式烹调的时间。

2. 汽蒸的方法

汽蒸根据原料的性质和蒸制后质感的不同，可分为以下两种方法：

（1）旺火沸水长时间蒸制法。该法的操作步骤是：掺水加热→置笼放入原料→蒸制→出笼备用。该法主要适用于体积较大、韧性较强、不易煮烂的原料。例如鱼翅、干贝、海参、蹄筋、鱼骨、银耳等干料的涨发；香酥鸭、软炸酥方、姜汁肘子等菜肴半成品的熟处理。操作时要求火力大、水量够、蒸汽足，这样才能保证蒸制出的半成品原料的质量。蒸制时间的长短应视原料质地的老嫩软硬程度、形状大小及菜肴需要的成熟程度而定，如果火候不到，则老而难嚼，风味全失。

（2）中火沸水徐缓蒸制法。该法的操作步骤是：掺水加热→置笼放入原料→蒸制→出笼备用。该法主要适用于新鲜度高、细嫩易熟、不耐高温的原料或半成品原料。例如绣球鱼翅、竹荪肝膏汤、芙蓉嫩蛋等菜肴的熟处理，以及蛋糕、鸡糕、肉糕、虾糕等半成品原料的蒸制。操作要求水量足，火力适当，蒸汽冲力不大，这样才能保证蒸制的半成品原料的质量。火力过大，蒸汽的冲力过猛，就会导致原料起蜂窝眼、质老、色变、味败，有图案的工艺菜还会因此而冲乱形态。若发现蒸汽过足，可减小火力或把笼盖露出一条缝隙放汽，以降低笼内温度和气压。蒸制时还要求掌握好时间，使半成品原料符合菜肴质感细嫩柔软的特点。多种原料同时汽蒸，要防止串味。原料不同、半成品不同，所要求的色、香、味也不相同，汽蒸时要将不同原料放置在不同位置，防止相互串味，污染颜色。

（3）微火沸水保温，主要为筵席大菜保温。

第3节　糊浆处理

糊浆处理，就是在经过刀工处理的原料表面包裹上一层黏性的糊浆或粉浆，使做成的菜肴达到酥脆、滑嫩或松软的一项技术措施。这就好像在原料表面裹上一件既具保护作用（防止高热的介质直接接触原料表面），又有装饰性（熟制后使原料有特殊的外观和风味）的外衣，所以行业中又称"着衣"。糊浆处理的适用范围广泛，以油为主要传热介质进行烹制的原料，大部分要用这种方法处理；有些用蒸和余的方法烹制的原料，也要进行糊浆处理。糊浆处理是烹调前的必要准备，因而是烹饪过程中一项重要的基础工作。只有糊浆和粉浆的厚薄适度，糊浆、粉浆的成分符合成品的要求，在原料表面包裹均匀全面，才能使菜肴全面符合色、香、味、形、质的要求。

一、糊、浆的区别

糊浆处理的方法一般有挂糊、上浆和拍粉三种。这三种方法的区别是：首先，所用粉种不同：挂糊除主要使用面粉外，也视需要添加生粉或镶粉（粳米粉和糯米粉各半）；上浆只用生粉；拍粉则可用生粉和面粉。其次是浆的厚薄不同：挂糊用的浆厚，能适应的传热介质温度高；上浆用的浆相对比较薄，适应的导热介质温度较低；而拍粉则直接将干粉黏附在原料表面，使其与原料表面的水分结合，起到类似包裹上一层糊浆的作用。最后是操作过程不同：挂糊需用事先调制好的粉糊包裹在原料表面；上浆则只把淀粉以及其他用料直接加入原料调拌均匀；拍粉用的粉，也可取用特制的粉料。

二、挂糊

1. 挂糊的作用

挂糊就是用各种粉糊以拌、拖或类似浇的手法均匀地包裹在原料的表面，多用于炸、熘、烹、烤等烹调方法。其作用主要有以下几个方面：

（1）保持或减少原料中的水分流失。炸、熘等烹调方法，大都使用旺火热油，鸡、鸭、肉、鱼等原料如果不经挂糊，在旺火热油中，水分会很快蒸发，鲜味也随着水分外溢，因而质地变老，鲜味减少。我国厨师在长期的实践中创造了挂糊的方法，将这些原料裹上一层具有黏性的糊浆作保护，糊浆受热后会立即凝成一层保护膜，使原料不直接和高温的油接触，油不易侵入原料内部，原料内部的水分和鲜味就不易外溢，也就可以保持原料的鲜嫩。同时，还可以用不同配料的糊浆，使过油后的原料有的香脆，有的酥松，大大丰富了菜肴的风味。

（2）使原料的形态光润饱满。鸡、肉、鱼等原料经刀工处理以后，在烹调加热时往往易于断碎、卷缩、干瘪而变形。通过挂糊，由于原料黏性加强，不仅能够保持原有形态，而且经过油的作用，表面的糊浆结壳，光润饱满，能增加菜肴的美观。

（3）制品可形成特殊的质感和特殊的风味。比如，原料挂酥糊后可形成酥脆质感，挂蛋泡糊则松泡绵软，滚上面包糠、果仁粒则香味极佳。

（4）保持、增加菜肴的营养成分。鸡、肉、鱼等原料，如果直接与高温热油接触，蛋白质、脂肪、维生素等营养成分有的流失，有的被破坏，降低了营养价值。通过挂糊，原料有了保护层，使原料不直接与热油接触，其营养成分就不致受到较多的损失。不仅如此，糊浆本身由淀粉、蛋等所组成，也具有丰富的营养成分，从而增加了菜肴的营养价值。

2. 粉糊的调制

调制粉糊的粉料有淀粉、面粉、米粉等，其他用料有鸡蛋（蛋清、蛋黄或整蛋）、水、发酵粉、小苏打等，粉糊大多需事先调制，方法比较复杂，各种用料的比例没有固定的标准，主要根据粉的质地和实际应用的要求加以掌握。粉糊的种类主要有蛋清糊、蛋泡糊、蛋黄糊、全蛋糊、水粉糊、发粉糊等。

（1）蛋清糊

1）主要用料：干淀粉、蛋清。

2）调制方法：将干淀粉、蛋清加水搅拌均匀。

3）适用范围：比较窄，只用于以水果等为原料的拔丝、琉璃制品。

4）制品特点：硬脆。

5）用料比例：以琉璃樱桃肉为例，里脊肉 200 g，干淀粉 60 g，鸡蛋清 20 g，水 10 g 左右。

（2）蛋泡糊

1）主要用料：干淀粉、蛋清。

2）调制方法：将蛋清打起泡沫后，拌入干淀粉搅匀。

3）适用范围：用于软炸类制品，如软炸鱼条、夹沙香蕉。

4）制品特点：形态饱满、色泽乳白、质地松软。

5）用料比例：以夹沙香蕉为例，香蕉 200 g，干淀粉 50 g，蛋清 75 g。

（3）蛋黄糊

1）主要用料：干淀粉或面粉、蛋黄、水。

2）调制方法：将干淀粉或面粉加蛋黄和水调匀。

3）适用范围：淀粉蛋黄糊的炸制品一般都要滚上卤汁，如糖醋熘蛋酪、茄汁熘鱼片等。面粉蛋黄糊的制品一般用于裹烧和酥炸，如裹鸭子、酥炸牛肉等。

4）制品特点：淀粉蛋黄糊制品酥脆；面粉蛋黄糊制品外层酥脆香，里面酥嫩。

5）用料比例：以茄汁熘鱼片为例，鱼片 200 g，干淀粉 60 g，蛋黄 20 g，水 10 g 左右。面粉蛋黄糊基本相同。

（4）全蛋糊

1）主要原料：干淀粉或镶粉（粳米粉和糯米粉各半）、整蛋（蛋清、蛋黄均用），也有用整蛋加面粉的。

2）调制方法：将干淀粉或镶粉、整蛋液、水调成粉糊，然后在糊内加黄酒、酱油、胡椒粉和葱末与原料一起拌匀。有的原料在挂糊后，还要粘上碎粒状的香脆性辅料，如芝麻、松仁、花生仁、腰果、核桃仁、面包粉（面包粒、糠）等。

3）适用范围：制品油炸成后即成馔的，如桂花肉等；制品炸成后还需浇汁或包汁的，如糖醋排骨等；原料在挂糊后还需粘上香脆性原料再炸制的，如芝麻鱼排等。

4）制品特点：酥松香脆，色泽金黄。

5）用料比例：以桂花肉为例，上脑肉 200 g，干淀粉或镶粉 75 g，整蛋液 30 g，黄酒、酱油等各适量和原料搅匀；以糖醋排骨为例，猪排 200 g，面粉 45 g，整蛋液 20 g，水适量，一起搅匀；又以芝麻鱼排为例，鱼肉 200 g，糊浆用料比例与桂花肉基本相同，但有些需粘上香脆性辅料的制品，不一定都要拖整蛋糊，只要拖上整蛋液就可以。

（5）水粉糊

1）主要用料：干淀粉、水。

2）调制方法：干淀粉加水调匀。

3）适用范围：适用于炸熘制品，如脆熘黄鱼、焦熘肉片等。

4）制品特点：干香脆硬，色泽金黄。

5）用料比例：以焦熘肉片为例，瘦肉 200 g，干淀粉 75 g，水 30 g 左右。

（6）发粉糊

1）主要用料：面粉、水、发酵粉。

2）调制方法：面粉先加少许清水搅黏，搅上劲，再加适量水继续搅拌，然后下发酵粉拌匀。

3）适用范围：适用于膨松而外脆里松软的制品，如苔菜拖黄鱼、猪油夹沙球等。

4）制品特点：饱满香脆，里面鲜嫩或松软，色泽淡黄。

5）用料比例：以猪油夹沙球为例，猪油豆沙 300 g，面粉 100 g，水 55 g，发酵粉 2 g。

3. 粉糊调制的关键点

（1）掌握各种糊的厚度。应根据原料性质及其他具体情况灵活掌握。制糊时各种糊的稠或稀，应当根据原料的老嫩、是否经过冷冻，以及原料在挂糊后距离烹调时间的长短等因素而定。一般原则是：第一，较嫩的原料，糊应稠一些；较老的原料，糊应稀一些。第二，经过冷冻的原料，糊应稠一些；未经冷冻的原料，糊应稀一些。第三，挂糊后立即烹调的原料，糊应稠一些；挂糊后要间隔一些时间再烹调的原料，糊应稀一些。

（2）搅拌时应先慢后快，先轻后重。加水要慢，水量不要加足，以搅得开为度；搅拌时应先慢一些，以使干粉慢慢吸收，融合水分。搅到厚度渐渐增大起黏性时，就可以逐渐加快加重。这时粉糊自然上劲，可再加适量水或生油继续搅拌，可使粉糊松劲。但切忌过度搅上劲。制作蛋泡糊须先将蛋清用力打透，使其成为雪堆般的泡沫糊，能立而不塌，然后再加入淀粉搅成蛋泡糊。

（3）糊浆必须搅拌均匀。制糊拌浆时，必须细致，要使糊浆十分均匀，不能使糊浆内含有小的粉粒。因为小的粉粒会附着在原料表面上，影响外观和质量。

4. 挂糊的要点

糊浆必须把原料表面全部包裹起来，否则，在烹调时油就会从糊没有裹住的地方浸入原料，使这部分质地变老，形状萎缩，色泽焦黄。另外，应根据成品要求掌握糊浆的厚薄。

三、上浆

1. 上浆的作用

上浆就是将淀粉、蛋液或水直接加在原料上拌匀。它的作用与挂糊相似，能利用淀粉、蛋液构成光滑饱满的外表，能够阻止水分的外泄以保证滑嫩度和营养，还可按照不同的需要，加入盐或苏打粉等，影响甚至改造原料的质地。

2. 上浆的种类

由于除淀粉外所用辅料的不同，所上的浆就有了不同的类别。

（1）蛋清浆

1）炒里脊丝：里脊肉（冰）250 g，蛋白 30 g，干淀粉 9 g，精制盐 2 g，黄酒 5 g。

2）炒鱼米：活杀黑鱼肉 250 g（用水漂洗过），蛋白 20 g，干淀粉 10 g，精制盐 2 g。

（2）整蛋浆

1）番茄鱼片：黑鱼肉 250 g，整蛋液 45 g，干淀粉 18 g，精制盐 2 g。

2）鱼香肉丝：里脊肉 250 g，整蛋液 42 g，干淀粉 12 g，精制盐 2 g。

（3）干粉浆

1）酱包猪肝：猪肝 250 g，干淀粉 20 g，盐、胡椒粉少许。

2）滑炒墨鱼丝：墨鱼丝 250 g，干淀粉 12 g，盐、胡椒粉少许。

3. 上浆的关键

上浆的关键是：淀粉与液体用料的比例适当，使粉浆厚薄适度。上浆前先要使原料吸入一些水分，并投入少许食盐搅拌至起黏，粉浆与原料必须拌匀并拌上劲，盐能使原料吸水，但过多则影响菜肴口味，太少容易引起"吐水"脱浆。上浆后，许多原料最好放在冰箱里静置 2～3 h，使原料与浆衣更牢固地"结合"。

四、拍粉

1. 拍粉的作用

拍粉就是在经过调味的原料表面均匀地以撒或按的方式粘上一层面粉或淀粉，粘上去的粉料与原料表面的水分结合而形成浆膜，从而达到了类似挂糊或上浆的作用。经过拍粉的原料多用于炸。

2. 拍粉的形式

（1）单纯拍粉（拍粉后即行烹调）。单纯拍粉的原料，适用于炸的方法。原料一般都要经过精细的刀功处理，拍粉后可使剞切的刀纹分开不黏结，炸制后花纹清晰美观，外脆内嫩。

（2）拍粉拖蛋液（拍粉后拖上蛋液，然后烹调）。适用于煎和炸的方法。先在原料表面按上一层干粉，再拖上鸡蛋液，使粉与蛋液形成一层薄薄的保护膜。制品外层酥香，里面鲜嫩，如蛋煎黄鱼。

（3）拍粉拖蛋液后再粘上由芝麻、花生仁、腰果、核桃仁、松仁等加工成的呈碎粒状的香脆性用料，以突出成品香脆的特殊风味，如炸猪排。

第4节 配菜

配菜是将刀工处理好的原料或经整理、初加工后的原料加以有机组合，使之经熟制后能成为一份令人满意的菜肴。配菜是紧接着刀工的一项程序，是刀工与烹调之间的纽带，是菜肴的设计过程，因此刀工与配菜亦可统称为"切配"。配菜可分为热菜的配菜和冷菜的配菜。

热菜的配菜程序是：原料初加工→刀工处理→配菜→烹调→上席。

冷菜的配菜程序是：原料初加工→烹调→刀工→装配→上席。

一、配菜的重要性

配菜是一项重要的工作。因各种原料的合理配合对于菜肴的质、量、色、香、味、形、营养及成本核算、品种开发有直接的影响。具体来说，配菜的意义和基本原则是：

1. 配菜决定菜肴的品质、数量与成本

菜肴的品质由原料决定，原料的组合直接决定了菜肴的档次。售价高的菜原料价格贵，并且一般较少用配料。一桌宴席档次高，其主菜的原料价格贵；相反，就餐人数多而水平不高，厨师就可以多配辅料来降低成本。一盘菜或一桌菜的数量也是根据金额、人数而配合的。

2. 配菜确定菜肴的色、香、味、形、质

原料的外形取决于刀工，而菜肴整个的外观则由配菜来决定。配菜时，适当地将形状相似的或相异的组合在一起，能使之成为错综且调和的形状。各种原料有其固有的色、香、味等性质，将几种不同的原料配合在一起时，可互相弥补色、香、味、形中某些不足；若配合不佳，则不仅不能互相弥补，反而起了互相消杀的作用，而使菜肴整体的色、香、味、形受影响。比如鱼配葱、虾仁配青豆、狮子头配荸荠末等。相反地，有些本味较

重的菜（如青椒、胡萝卜、香菇等）与口味清新的菜就不能相配，否则就会喧宾夺主。

3. 配菜也是菜肴品种创新的重要环节

除刀工与烹调法外，要使菜肴富于多变，就要配合各种不同的原料。配菜即是创造更多新菜肴的手段。

4. 配菜确定菜肴的营养价值

主副料的搭配可以确保膳食平衡。传统的荤素搭配实际上是非常符合营养原则的。一组菜则有菜与菜之间的营养平衡问题。比如设计宴席菜单时，就要防止荤菜过多而素菜太少，应尽量多安排几道全素的菜或是配料中多安排素菜。

二、配菜的基本方法

原料的配合分为一般菜与花色菜两种。一般菜较为简单；花色菜则技巧性较强，需要厨师多在色与形上下工夫。

按所用原料比例的不同，配菜可分为单一料成菜、主料与副料的组配以及不分主副料的配合几种方法。

1. 单一料成菜

单一料是指由一种原料构成的菜肴。一般而言，几乎所有的原料都可以单独成菜。采取单一料时，要突出原料的长处，掩盖短处。因为单一原料菜肴主要以品尝该原料特有的风味为目的，因此对于原料选择、初步加工及刀工等均须特别注意。比如各种蔬菜须选择鲜嫩的部分；清蒸鲥鱼因鲥鱼的鳞脂肪含量颇丰、口咸肥美，故不去鳞。

还有一种情况是以一种原料为主，但在其表面排列有其他原料，使其成为花色菜。例如兰花鸽蛋，此菜将鸽蛋排列于盘上，再以火腿薄片为花瓣、葱丝为叶、发菜为须，在鸽蛋上排出一式兰花图案。该菜肴虽有火腿、发菜等其他原料的配合，但只是作为装饰品使用，故此菜肴仍算作单一料的菜肴。

2. 主料与副料的配合

主料与副料的配合是指一种菜肴除使用主料外，又添入一定数量的副料。添加副料的目的主要是对主料的色、香、味、形及营养或成本做适当的调整。例如走油肉、香糟扣肉等菜富含脂肪，吃起来非常油腻，若添加若干蔬菜，不仅可调和过度的油腻，且可使色彩更鲜艳。又如洋葱猪排，除主料猪排外，另添有若干洋葱，可使主料更具香味。一般而言，由主料与副料所配合的菜肴，主料占品质上重要的地位，而副料则为衬托、辅助或补充，不得有喧宾夺主的现象。一般主料多采用动物料，副料则使用植物料。当然也有例外者，例如北京菜八宝豆腐，以豆腐为主料，火腿、鸡肉、虾米、干贝为副料；扬州菜煮干丝，以干丝为主料，火腿、虾米为副料。

3. 不分主副料的配合

所谓不分主副料的多种类原料，指由两种或两种以上分量略同的材料所构成的菜肴，其中主副料不必加以区分。若几种原料的分量与体积或味道的浓淡有显著的差异时，需调整分量，以求得平衡。此种配菜技术较为复杂，对于各种色、香、味、形的配合，应持慎重的态度。

无论是主副分明还是主副不分的菜肴，各种原料均须分别放入各种器皿中，因为烹调有先有后，若混淆一起，难以分开下锅，可能损及品质。

三、色、香、味、形的配合原则

1. 色的配合

各种菜肴的原料各有其色，这些色彩经烹调后将产生若干变化，配菜时须引起重视。配色依实际情形而定，但以色彩调和、具有美感为原则。如芙蓉鸡片的色彩洁白，若添加几分绿蔬，则更可衬出如芙蓉花般的白色色泽。又如炒虾仁，虾仁本就白里透红，自然而美丽，若加入一些青豆，更给人清新之感；若加竹笋或茭白，则不能达到色调和谐的效果；若加入木耳，则使虾仁的白色与木耳的黑色无法调和，反而破坏了美感。

2. 香与味的配合

大多数原料本身即具有独特的香与味，但烹调的香与味需经加热与调味后才能真正显出，因此需要了解在烹调完成时会有怎样的香与味产生，在配料时才能以熟练的方法搭配香与味。香与味的搭配属于复杂的技术，一般而言，动物性原料与植物性原料各具有不同的鲜美味道及挥发性的芳香物质，故在配合原料时，应注意保持及提升这些香味的产生。如洋葱、蒜、芹菜等均含有丰富的芳香物质，适于与动物性的原料配合，使菜肴更香、更美味。此外，芳香浓厚的可与香味较淡的搭配。若香与味的配合不佳，就会影响菜肴的品质。例如蟹黄狮子头，如添加香菜，将会使此菜黯然失色。香味相似的原料也不适合搭配，例如牛肉与羊肉、青鱼与黄鱼、马铃薯与山芋、丝瓜与黄瓜、青菜与莴苣等。

3. 形状的配合

形状的配合关系菜肴的外观，也影响菜肴的品质。菜肴除保持自然的形状外，还可以运用刀工使调理更为方便。加热时间的长短与原料形状的差异有密切关系，形状细小的原料不适于长时间烹调，形状粗大的原料不适于短时间烹调。配有副料的菜，副料不应比主料大。不区分主副料的，各种原料形状应相似，如条与条、丁与丁、块与块配合，才能使菜肴调和平衡。配花色菜时，应仔细留意构图的统一，必须整齐均衡、清洁明晰、美丽逼真，才能吸引人。

四、配菜的基本要求

1. 熟悉原料知识

各种原料各有其不同的性质，有富于弹性的，有清脆的，有软的，有硬的。如猪、羊、鸡、鸭等各部位的性质不同，嫩软部分适于爆、炒，老韧处宜于烧、煮、焖等。市场供应原料因生产状况、季节变化、供求关系等因素而不断发生变化，在某一时期会有某种原料较多而某些原料较少的现象出现。配菜时要考虑这一因素，使饭店的特色得以保持。

2. 了解菜肴名称与烹调的特征

中国菜的品种繁多，各地均有风味独特的地方菜，各店也有其独特的招牌菜。配菜者应详知本店菜肴的名称、制法和特色，以便能巧妙配菜，突出特色。

3. 精通刀法，熟谙烹调

热菜的配菜，介于切与烹之间。因此，配菜者除精通刀工外，亦须熟悉因火候与调味的相异可能会引起原料的某些变化。

4. 注意营养的配合

配菜应符合营养原则。厨师应掌握营养学的基本原理，努力使菜肴符合膳食平衡的要求。

5. 把握质量基准与成本

配菜者应善于把握每道菜肴的品质、规格、成本及利润、售价的计算方法，对主料、副料与调味料的品质、数量及损耗做到心中有数，再依照既定的毛利率决定每个菜肴的利润与售价，然后制定每道菜肴的品质规格与成本表，按表配菜。

6. 推陈出新，创新菜肴

配菜者除遵从传统特色与一般广为人知、形式已定菜肴的正确配菜外，应根据原料加工与烹调特色，顺应市场潮流的变化，创造外形更美、色香味更佳、受客人欢迎的新菜来丰富菜肴品种。

第5节　排菜

排菜（南方餐饮业称打荷）是将切配好的菜，根据客人就餐的具体情况合理安排烹调顺序。其主要任务是协助厨师调整上菜次序、派菜程序，原料的初加工，部分菜肴的腌渍、调味、拍粉、上浆以及成菜前的拼扣、跟料、造型、围边、点缀等。排菜是厨房运行的一个重要环节。

一、排菜的重要性

排菜在厨房菜肴的制作和保证成品的及时供应上，发挥着不可替代的作用。从厨房的各种用具和餐具的使用与管理、菜肴前期处理工序到菜肴装饰与质量检验，成品菜肴的上菜次序与派菜节奏，都需要排菜人员的直接参与。所以，排菜工作的好坏，直接影响炉灶人员的操作，影响菜肴质量的稳定，影响供应渠道的畅通，影响前台服务人员的工作，甚至影响客人的情绪。

二、排菜的流程

1. 开档准备

（1）准备用料。当日厨房应备的各种调料领取齐全，特殊调料和用料也准备完毕，葱姜等小料切制完毕。

（2）准备用具。各式餐具及盛器做好清洁消毒工作，烹饪用具和排菜用具也全部到位。

（3）准备装饰物。各种菜肴的围边、装饰物（一般作小型菜肴点缀装饰之用）准备齐全。

（4）了解供应情况。了解当日的各种订单，了解当日的时令供应品种，了解当日客人的特殊要求，做好相应的准备工作。

（5）准备好所有菜肴的辅助调料。

2. 实际操作

（1）为掌勺厨师提供各式餐具，包括餐具预热。

（2）根据炉灶厨师特点及各菜肴烹制速度，合理安排菜肴烹调次序。

（3）成品出锅，帮助装盘、点缀，注意菜肴规格，检验菜肴质量。

（4）随时检查菜肴是否遗漏和重复，并及时纠正。

3. 结束收尾

（1）整理餐具、用具。

（2）储存、整理各种调料与用料。

（3）做好排菜台及周边环境的卫生工作。

（4）做好当班的工作记录和交接班工作。

三、排菜的要求

1. 排菜时认真、细致、勤快、灵活，善解厨师用意，做好辅助工作。

2. 熟悉各类餐具、用具的使用和保管。加强餐具、用具的消毒、保洁工作。

3. 学习烹调基础知识，了解菜肴的制作过程和风味特色，加强菜肴质量检验，成品上席前严格把关。

4. 懂得烹调前后的工作程序，灵活调动烹饪操作，控制成品上菜节奏，配合协调，传递及时，对菜肴的轻重缓急心中有数。尤其是宴席上菜，更要把握好烹制与上菜的速度。

（1）区别酒肴与饭肴。一般就餐情况大多先喝酒后吃饭，故应先出酒菜，接着排饭肴，最后端出汤类，不能颠倒顺序。

（2）区别菜肴烹调时间的长短。为保持出菜连贯性，应先将烹调需时较长的菜肴备妥，让厨师先入锅烹调；而烹调时间较短的菜肴可稍为延后。

（3）区别普通菜、VIP 菜与紧急菜。普通菜是指平常提供的菜肴。VIP 菜是必须重点关照的菜，比如特别重要的客人、价格特别贵的菜等，要安排专人烹调。紧急菜是因为客人有急事，插档烹制的菜肴。为配合顾客赶时间，排菜者应优先照顾紧急菜先上。如遇添菜或漏菜，也必须及早出菜。

（4）区别菜肴滋味的浓淡。浓味菜指顾客要求辣、酸、甜、咸等偏重，淡味菜指口味要求偏淡，或者是顾客因本身健康原因而要求限制动物性油脂、盐或糖等调味料的菜肴。如果是桌菜，还要注意浓淡之间的间隔。排菜时应严加区分，经常留意，以符合顾客的要求。

（5）区别小吃、团体菜与桌菜。琐碎的小吃应考虑顾客的要求、饮食的习惯、烹调的快慢，妥善安排上菜的时间。团体菜或单桌菜应照菜单依序出菜。在决定烹调的顺序时，注意避免在同一时间出菜。要始终让顾客觉得厨师是根据桌面情况在烧菜、上菜，有节奏感。

（6）沟通前台情况。要做好排菜工作，必须集中精神，认真负责，保持服务员与厨师间的密切联系沟通，更好地为顾客服务。

5. 掌握相关的基础操作，不断提高专业能力，如雕刻、围边、上浆、拍粉、调味等，为完善菜肴特色提供便利。

思 考 题

1. 什么是焯水？焯水有什么作用？

2. 原料焯水有哪些方法？各针对什么类型的原料？

3. 焯水对原料有什么影响？

4. 焯水必须掌握哪些操作要领？

5. 走油的操作要领是什么？

6. 上色的操作要领是什么？

7. 汽蒸有哪几种方法？

8. 糊浆处理有什么作用？

9. 糊与浆的区别在哪里？

10. 挂糊、上浆、拍粉各有哪几种类型？

11. 糊与浆的操作关键是什么？

12. 试述配菜的重要性。

13. 请叙述配菜基本方法及基本要求。

14. 排菜的重要性及要求是什么？

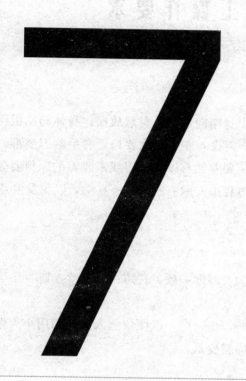

第 7 章

刀工操作

第1节 刀工操作要求

一、操作姿势

正确的操作姿势是：两脚站成八字步，上身略向前倾，自然放松，身体与砧板保持一定距离，约 10 cm；操作时要思想集中，目不斜视，左手持物要稳，右手落刀要准，刀起刀落一定要注意安全；砧板上放置的原料一定要井然有序，改刀或未改刀的原料要分别摆放；操作时，切忌弯腰曲背，更不能在操作过程中左顾右盼，心不在焉，以免发生意外。

二、操作要求

1. 整齐划一
所切制的原料要注意形态美观，粗细均匀，厚薄一致，长短相等，整齐划一。

2. 要适应烹调的要求
对旺火速成的菜肴原料要适当切得薄一些，小一些，以便快熟入味；如用小火慢成的原料，要切得厚一些，大一些，以免烹调时原料变形。

3. 因料施刀
要根据原料的性能特点，采用不同的刀法。同样切片，质地松软的要比质地坚硬的略厚一些；切脆性原料如茭白、冬瓜等，可用直切；切豆腐类松软原料应用推切；而切韧性原料如肉类则需推切、拉切等。

4. 减少浪费
要注意合理使用原料，物尽其用，废料利用。注意节约，降低消耗，尽量提高出成率。

5. 了解成菜要求
应注意菜品形式和色形的配合，要突出主料、主辅相配，使菜品的组成大方别致、新颖多彩。

第 2 节　刀工操作实例

一、切姜片

1. 选料

嫩生姜 1 块（50 g）。

2. 初步处理

（1）生姜去皮。

（2）改刀成长 50 mm、宽 18 mm、高 20 mm 的长方块。

3. 操作过程

（1）姜块顺长度方向平放于砧板。

（2）左手中指与食指分开轻放于姜块两端。

（3）右手握刀，用平刀法推刀批姜块，批成 0.2 mm 的薄片 20 片。

4. 质量标准

（1）长 50 mm、宽 18 mm、厚 0.2 mm。

（2）片形光滑、厚薄均匀、片形完整，无连刀片。

5. 要点分析

（1）需选用嫩姜。

（2）批时刀要快，刀身要放平，不能前后倾斜。

二、切姜丝

1. 选料

嫩生姜 1 块（50 g）。

2. 初步处理

（1）生姜去皮。

（2）改刀成长 50 mm、宽 18 mm、高 20 mm 的长方块。

3. 操作过程

（1）姜块顺长度方向平放于砧板。

（2）左手中指与食指分开轻放于姜块两端。

（3）右手握刀用平刀法推批姜块，批成 0.2 mm 的薄片。

（4）将姜片整齐叠于砧板下方，用直刀法将姜切成丝。

4. 质量标准

（1）长 50 mm、0.2 mm 见方。

（2）均匀、不碎、完整，不连刀，光滑。

5. 要点分析

（1）批刀时刀要快，刀身需放平，不要前后倾斜。

（2）叠片不能过高，否则切时容易滑动。

（3）左手不能退得太快，否则丝不易切细。

三、切土豆片

1. 选料

土豆 1 个。

2. 初步处理

（1）土豆去皮。

（2）改刀成长 70 mm、宽 25 mm、高 30 mm 的长方块。

3. 操作过程

（1）土豆块顺长度方向平放于砧板右边。

（2）左手中指与食指分开轻放于土豆块两端。

（3）右手握刀，用平刀法中推刀批，把土豆块批成 2 mm 的薄片。

4. 质量标准

（1）长 70 mm、宽 25 mm、厚 2 mm 的片，20 片以上。

（2）片形光滑、厚薄均匀、完整，无连刀片。

5. 要点分析

（1）土豆选用新土豆为好。

（2）批时刀要快，刀身要放平，不能前后倾斜。

四、切肉丝

1. 选料

猪瘦肉（250 g）。

2. 初步处理

（1）将肉去筋膜。

（2）改刀成长 70～80 mm 的长方块。

3. 操作过程

（1）将肉顺纤维方向平放于砧板右面。

（2）左手掌心轻压肉块，右手握刀用平刀法中的推拉批法，将肉批成厚 2.5 mm 的片。

（3）将肉片整齐叠于砧板下方，表面淋上少许水。

（4）用直刀法中的推翻切刀法将肉片切成 2.5 mm 粗细的丝，整齐堆起，放于盛器中。

4. 质量标准

（1）长 70～80 mm、2.5 mm 见方。

（2）粗细均匀，长短一致，不连刀，无碎粒、断丝。

5. 要点分析

（1）选料时要选纤维长的精肉。

（2）刀要快，批片时刀运动幅度要大。

（3）叠片时切忌叠得过高，否则会影响肉丝粗细。

（4）要顺纤维长度批片切丝。

五、切鱼片

1. 选料

带皮鱼肉 200 g。

2. 初步处理

将鱼肉去皮并修成长 70 mm、宽 35～40 mm 的长方块。

3. 操作过程

（1）将鱼块横放在砧板近身中间。

（2）左手握住鱼块，右手握刀，从右向左用直刀法中推拉切将鱼块切成 2.5～3 mm 厚的薄片。

4. 质量标准

（1）长 70 mm、宽 35～40 mm、厚 2.5～3 mm 的片，不少于 130 g。

（2）大小相仿，厚薄均匀，整齐划一，不连刀，不带皮，清洁卫生。

5. 要点分析

（1）鱼肉应冰冻后再使用。

（2）刀要快，切片时手握刀推拉切时运动幅度要大。

六、切鱼丝

1. 选料
带皮鱼肉 200 g。

2. 初步处理
去除鱼皮修成 70～75 mm 的长方块。

3. 操作过程
（1）将鱼块顺长放在砧板右面。

（2）左手掌心轻压鱼块，右手握刀，用平刀法中的推拉批从下将鱼肉批成厚 2.5～3 mm 的片。

（3）将鱼片整齐地从右向左叠于砧板下方，淋少许水。

（4）用直刀法中的推刀法将鱼肉切成 2.5～3 mm 粗细的丝，整齐卷起放于盛器内。

4. 质量标准
（1）长 70～75 mm、2.5～3 mm 见方，不少于 120 g。

（2）粗细均匀，整齐划一，无大小头，不连刀，不带皮，无碎粒、断丝、清洁卫生。

5. 要点分析
（1）最好选用黑鱼，冰冻后使用。

（2）刀要快，批片时手推拉运动幅度要大。

（3）叠片时切忌叠得过高，否则容易滑动影响鱼丝粗细。

（4）切丝时用推切法一推到底，不能再拉回来。

七、切鱼米

1. 选料
带皮鱼肉 200 g。

2. 初步处理
去除鱼皮，修成 70 mm 的长方块。

3. 操作过程
（1）将鱼块顺长放在砧板右面。

（2）左手掌心轻压鱼块，右手握刀，用平刀法中的推拉批从下将鱼肉批成厚 2.5～3 mm 的片。

（3）将鱼片整齐地从右向左叠于砧板下方，淋少许水。

（4）用直刀法中的推刀法，将鱼肉切成 2.5～3 mm 见方的丝，整齐卷起。

（5）将卷起后的鱼丝横放于砧板近身中间，左手握住鱼丝，右手握刀，从右向左再将鱼丝切成 2.5～3 mm 见方的粒，放入盛器内。

4. 质量标准

（1）2.5～3 mm 见方，不少于 120 g。

（2）大小相仿，整齐划一，不连刀，不带皮，无碎粒、清洁卫生。

5. 要点分析

（1）鱼肉要冰冻后再用。

（2）刀要快，批片时手推拉运动幅度要大。

（3）叠片时切忌叠得过高，否则容易滑动影响鱼丝粗细。

（4）切丝时用推刀法要一推到底，不能再拉回来。

（5）切米粒时鱼丝不要叠得太多，否则会影响米粒的大小。

八、剞兰花豆腐干

1. 选料

白方豆腐干 4 块。

2. 初步处理

（1）将白方豆腐干放在冷水里，加少许盐煮至将沸，取出放平用重物压一下。

（2）将白方豆腐干修去四周硬边。

3. 操作过程

（1）将白方豆腐干底面向上，左手按住白豆腐干，右手握刀用直刀法推切，从白豆腐干右边夹角 20°向左推切到左边，刀距为 3 mm，深度为原料的 2/3。

（2）把剞好的一面白豆腐干翻身，重复第一步骤即可。

4. 质量标准

（1）剞后的长度可拉至原豆腐干一倍以上长度。

（2）刀距相等，为 3 mm，深浅一致，中间无断裂和并刀现象。

5. 要点分析

（1）煮白豆腐干时，水不能沸腾，否则中间要空。

（2）要先剞底面，因为底面硬。

（3）一面剞好后千万不要转向后再翻身，否则刀纹要乱。

九、墨鱼剞花

1. 选料

墨鱼2条。

2. 初步处理

（1）将墨鱼顺长度改刀成长方条。

（2）去除墨鱼外侧的膜和内侧黏液。

3. 操作过程

（1）将墨鱼条顺长度平放于砧板上，内侧向上。

（2）先在墨鱼的右上角，刀与纤维的方向成45°，用直刀法中的推刀切，在墨鱼内侧剞至墨鱼的4/5深度后退刀，再间隔3 mm同样剞至4/5深度，一直剞至底端。

（3）将墨鱼条横向放平，从左上角，刀与纤维的方向成45°，用直刀法中的推刀切剞至4/5深度退刀，再间隔3 mm，剞至4/5深度后退刀，直至剞到底端。

（4）墨鱼条翻身，在外侧改刀成正三角形或正方形块，放入热水中汆至卷曲成荔枝形。

4. 质量标准

（1）卷曲美观，呈荔枝形。不少于12卷。

（2）深浅一致，细粒均匀，大小一致，刀距相等。清洁卫生。

5. 要点分析

（1）墨鱼要选质地有弹性的，催发过的墨鱼不能用。

（2）剞刀时刀纹深浅、刀距必须一致。

（3）要选用质地较厚的墨鱼。

十、鱿鱼剞花

1. 选料

水发鱿鱼脯或鲜鱿鱼脯（400 g）。

2. 初步处理

（1）将鱿鱼顺长度改刀成长方块。

（2）去除鱿鱼外侧的膜和内侧黏液。

3. 操作过程

（1）将鱿鱼条顺长度平放于砧板上，内侧向上。

（2）先在鱿鱼的右上角与原料纤维成45°，用斜刀法中的反刀批法在鱿鱼内侧剞至鱿鱼的 4/5 深度后退刀，再间隔 3 mm 同样剖至 4/5 深度，一直剖至底端。

（3）将鱿鱼条横向放平，与原料纤维成 45°，从左上角用直刀法中的推刀切剖至 4/5 深度退刀，再间隔 2.5 mm，剖至 4/5 深度后退刀，直至剖至底端。

（4）鱿鱼条翻身，在外侧改刀成长 60 mm、宽 40 mm 的长方块，放入沸水氽至卷曲成麦穗花。

4. 质量标准

（1）卷曲美观，呈麦穗形。不少于 12 卷。

（2）深浅一致，细粒均匀、大小一致。刀距相等，清洁卫生。

5. 要点分析

（1）鱿鱼要选质地有弹性的，已回缩的鱿鱼不能用。

（2）剖刀时刀纹深浅必须一致。

（3）斜刀的角度根据鱿鱼的厚薄而定。

十一、整鱼分档去骨

1. 选料

新鲜青鱼 1 条（1 500 g）。

2. 初步处理

（1）青鱼去鳞后洗净。

（2）开膛去内脏、鱼鳃。

3. 操作过程

（1）鱼头朝左，鱼尾朝右，鱼腹朝内，平放于砧板上。

（2）以鱼的胸鳍为准，在鳍的右侧用直刀法中的拍刀斩，斩下鱼头，放于盘中。

（3）以臀鳍为准，在臀鳍左侧用直刀法中的拍刀斩，斩下尾巴放于盘中。

（4）将鱼中段左右转向，在龙骨顶端，用刀顺其三角形方向横批到底，再用同样的方法取出龙骨放于盘中。

（5）半片中段沿肋骨顶端，用刀斜批出肚胳。

（6）去除肚胳后的中段肉在中间用刀切至皮，再将刀转向，用反批法去除皮，转向去除另一半皮，皮和鱼肉放于盘中。

4. 质量标准

（1）落刀正确，刀口光滑。

（2）肉形完整，肉不带皮，骨不带肉。

（3）清洁卫生。

5. 要点分析

（1）胸鳍要留在头上，臀鳍留在尾巴上。

（2）龙骨批时，刀要紧贴骨，尽量少带肉。

（3）去除鱼皮时，刀要紧贴鱼皮，否则容易带肉。

十二、整鸡分档去骨

1. 选料

去内脏光鸡1只（750 g）。

2. 初步处理

去除鸡爪和鸡头。

3. 操作过程

（1）将鸡背朝右，头朝外，沿脊骨从头至尾用刀将皮割破。

（2）在鸡大腿内侧两面用刀将皮割破，并将大腿骨脱臼。

（3）挖出弹子肉，割断大腿骨四周筋膜，拉下大腿，用同样方法拉下另一只大腿。

（4）摸准鸡翅与鸡身的连接处，用刀割断四周筋络，抓住鸡翅，拉下一边的鸡胸肉，用同样方法拉下另一边的鸡胸肉。

（5）用刀割断三叉骨，拉出里脊肉筋，用刀割破里脊四周膜，将两边里脊肉取下。

（6）沿鸡翅膀翅节，割下胸脯肉。

（7）在大腿内侧沿骨，用刀割下，取出大腿骨与小腿骨、膝盖骨。

4. 质量标准

（1）落刀正确，骨肉完整。

（2）肉不带骨，骨不带肉。

（3）清洁卫生。

5. 要点分析

（1）鸡不能太老，去内脏时不能大开膛。

（2）要熟悉鸡的各个关节点。

（3）落刀时要稳、准。

第 8 章

热菜烹制实例

第1节　烩、氽、煮

细碎的原料以水作为传热介质，经大、中火较短时间加热，成品半汤半菜勾薄芡，这种烹调方法称为烩。烩菜的特点是汤宽汁醇，滑利柔嫩。名菜如酸辣汤、五彩稀卤鸡米、海鲜羹等。

细薄的原料以水作为传热介质，经大火短时间加热成菜，成菜汤多于原料，这种烹调方法称为氽。氽菜的特点是汤清、味鲜醇、料软嫩。加热时间极短，原料烫熟即成菜。氽菜的原料多为丝片状，便于快速成熟。原料选择新鲜而不带或少带血污、腥味的动物料及鲜脆爽嫩的植物料，如鸡片、鱼片、里脊片、墨鱼片、笋片、蘑菇片等。原料绝大多数是生的。氽的汤一定是清汤。氽菜汤汁多于原料，因为汤的质量直接影响到氽菜的质量，所以质量好、要求高的氽菜，必须用高汤。

原料以水作为传热介质，大火烧开后用中、小火作较长时间的加热，成菜汤宽汁浓醇，这种烹调方法叫煮。煮的加热时间与烧、焖相似，但水量大大超过烧、焖。成菜汤与原料至少1∶1，大多在2∶1或3∶1左右。由于经过中、小火的焖烧，汤汁都有一定的浓度，或乳白（若加酱油为红中泛白），或浓醇；原料或软嫩，或酥烂。煮菜强调汤菜并重。"煮"在北方也称为"熬"。

一、芙蓉蹄筋

1. 选料

（1）主料：水发蹄筋300 g。

（2）副料：鸡蛋清60 g，熟火腿15 g。

（3）调料：精制油100 g，精盐3 g，味精4 g，料酒5 g，湿生粉25 g，葱2根，姜10 g。

2. 刀工处理

（1）猪蹄筋洗净，改刀成条，熟火腿切成片，葱打成葱结，姜洗净拍松。

（2）鸡蛋清打散待用。

3. 烹制过程

（1）锅置大火上，加油，将葱节、姜块煸香，烹入料酒，加清水500 g。烧沸后下猪蹄筋焯水，倒入漏勺，沥干。

（2）锅置旺火上，加入稀释后的美极浓缩鸡汁，投入猪蹄筋、火腿末，加料酒、精盐、味精，烧开后用湿生粉勾芡，沿锅四周淋油少许，再加入鸡蛋清，用锅铲推匀，出锅装盘。

4. 质量标准

色，白嫩光亮；质，松软滑嫩；味，咸鲜适中。

5. 要点分析

（1）蹄筋改刀后要焯水。

（2）勾芡后飘蛋清，火要小。

二、蘑菇豆腐

1. 选料

（1）主料：嫩豆腐 500 g。

（2）副料：鲜蘑菇 100 g。

（3）调料：精盐 3 g，味精 2 g，浓白汤 350 g，湿生粉 40 g，精制油 50 g。

2. 刀工处理

将新鲜蘑菇浸泡于水中 10 min，用刷子将蘑菇根部、顶部及四周轻轻刷一遍，再用清水冲一下，批成薄圆片。嫩豆腐批成长方形块（长 60 mm、宽 20 mm、厚 5 mm），放入冷水锅焯水捞起，沥干水分。

3. 烹制过程

烧热锅，放入精制油，蘑菇片用大火炒一下，放入浓白汤、精盐、味精、豆腐片烧开后，用中、小火将豆腐烧烫，转大火用湿生粉勾芡，淋上精制油推匀，出锅，装入圆深盘内。

4. 质量标准

色，玉白；质，滑嫩；味，咸鲜适中。

5. 要点分析

（1）豆腐焯水用冷水下锅，烧至即将水沸出锅。

（2）烧时大火时间不能长，否则豆腐要老。

三、肉丝豆腐羹

1. 选料

（1）主料：猪腿肉丝约 50 g，内酯豆腐或绢豆腐 1 盒。

（2）调料：精盐 1.5 g，黄酒 2～3 g，葱姜汁 10 g，味精或美极鸡粉 2 g，白胡椒粉

1 g，水生粉 50 g，精制油 20 g，汤 300 g。

2. 烹制过程

（1）将内酯豆腐切成 15 mm 左右的方块，用冷水锅焯水，去豆腐气味。

（2）锅内加白汤 300 g 及酒、盐、肉丝，搅散后，加入葱姜汁，撇去浮沫，放入豆腐，再加美极鸡粉、白胡椒粉，烧开，待豆腐浮起时撇沫，用水生粉勾芡，淋油推匀，倒入碗内即成。

3. 质量标准

色，白色；质，滑嫩；味，咸鲜。

4. 要点分析

（1）肉丝要划散，否则会结团。

（2）勾芡时芡粉可分次下，以防结团。

四、成都蛋汤

1. 选料

（1）主料；鸡蛋 2 枚。

（2）副料；水发黑木耳 15 g，笋片 25 g，小菜心 5 颗。

（3）调料：精盐 2 g，味精或美极鸡粉 1 g，白胡椒粉 0.5 g，精制油 25 g，料酒 3 g，水适量。

2. 烹制过程

（1）将鸡蛋打入碗中，打匀。

（2）锅烧热加入精制油，将鸡蛋液倒入煎成两面深黄色，使蛋质成熟松软，倒入料酒后，放入清水，先用大火煮 3～5 min，煮成奶白色汤，再加入黑木耳、笋片，起锅前放入小菜心、精盐、美极鸡粉、白胡椒粉即成。

3. 质量标准

色，奶白；质，蛋块松软；味，咸鲜香适口。

4. 要点分析

（1）蛋饼要煎透，油不宜过多。

（2）最好用猪油煎蛋，一次放足汤，用大火烧至奶白色，最后放精盐、白胡椒粉、美极鸡粉。

五、榨菜肉丝蛋汤

1. 选料

（1）主料：四川榨菜 25 g，肉丝 50 g，鸡蛋 1 枚。

（2）调料：精盐 2 g，味精或美极鸡粉 3 g。

2. 刀工处理

（1）榨菜洗净，切成火柴梗丝。

（2）肉切成绿豆芽粗细丝，浸出血水。

3. 烹制过程

铁锅洗净，开大火，放入清水 500 g，放肉丝，烧开后将榨菜丝放入，加盐、美极鸡粉。将蛋液徐徐倒入飘成绸带状，盛入碗内。

4. 质量标准

色，清澈；质，脆嫩；味，咸鲜适中。

5. 要点分析

（1）榨菜丝在汤里煮的时间不能过长，否则会影响脆性。

（2）飘蛋时要用小火。

六、三片汤

1. 选料

（1）主料：鸡脯肉 50 g，鸡肫 50 g，鱼肉 50 g。

（2）副料：豆苗或小菜心。

（3）调料：料酒 10 g，葱姜汁 20 g，精盐 3 g，味精或美极鸡粉 2 g，高汤 750 g，白胡椒粉 1 g，鸡蛋清 15 g，生粉 15 g。

2. 刀工处理

将鸡脯肉剔去筋，用刀批成长 50 mm、宽 20 mm 的柳叶薄片，用精盐、鸡蛋清、生粉上浆。鸡肫批切成同鸡片一样的薄片，浸入水中，鱼肉批成长 50 mm、宽 30 mm 的薄片，上薄浆。

3. 烹制过程

净锅加入清汤，加酒、葱姜汁，沸后倒入鱼片至八成熟，捞入盛器内，再将肫片烫至八成熟，捞出放在鱼片上，将鸡脯片下锅，余至八成熟捞出放在肫片上，将锅内汤澄清，撇去浮沫，加调料，撒上豆苗或小菜心倒入盛器内即成。

4. 质量标准

色，清澈；质，滑嫩；味，咸鲜。

5. 要点分析

（1）汆原料时，汤水不要翻滚，然后撇去浮沫，澄清见底。

（2）汆三片时，火要旺，水要先沸后转中火保持微开，否则浆要冲掉，保留原汤，片形均匀，不碎。

七、木樨汤

1. 选料

（1）主料：猪腿肉丝 50 g，鸡蛋 1 枚，水发黑木耳 15 g，黄瓜片 30 g。

（2）调料：芝麻油 2 g，精盐 3 g，酱油 0.5 g，胡椒粉适量，料酒 3 g，味精 2 g，清汤 500 g。

2. 烹制过程

（1）鸡蛋打散于碗内，黄瓜切成月牙片。

（2）用净锅加入清汤，烧沸后即将黑木耳、黄瓜片、肉丝下锅，撇去浮沫，沸后再淋入蛋液即成蛋花，加入酒、酱油、盐、味精、胡椒粉，出锅时加麻油，倒入汤碗内即成。

3. 质量标准

色，汤清微红；质，蛋片滑嫩，黑木耳软糯，黄瓜片脆嫩；味，咸鲜。

4. 要点分析

（1）撇去浮沫是关键，否则汤汁不清。

（2）飘蛋转小火。

八、肉圆粉丝汤

1. 选料

（1）主料：肉糜 200 g。

（2）副料：水发粉丝 150 g。

（3）调料：葱花，精盐，味精，胡椒粉。

2. 刀工处理

（1）水发粉丝洗净，改刀成长 150 mm。

（2）肉糜加盐、味精、胡椒粉拌上劲。

3. 烹制过程

（1）锅内加水，烧沸后，转小火，将肉糜捏成肉圆（边捏边逐只下锅，共 15 只），全部下锅后，将肉圆煮熟，捞出。

（2）原汤撇净浮沫，下粉丝、肉圆烧沸，再撇净浮沫，加盐、味精、少许胡椒粉，盛入汤碗内撒上葱花即可。

4. 质量标准

色，本色；质，鲜嫩；味，咸鲜适中。

5. 要点分析

（1）粉丝要提前涨发好。

（2）肉糜调味后一定要拌上劲。

（3）肉圆捏制时要大小均匀，有弹性。

九、酸辣汤

1. 选料

（1）主料：内酯豆腐 75 g，熟冬笋或茭白 10 g，水发香菇 10 g，肉丝 30 g，熟鸡丝 20 g，火腿丝 10 g，鸡鸭血 75 g。

（2）调料：鸡蛋 1 个，酱油 2 g，精盐 3 g，味精或美极鸡粉 2 g，米醋 30 g，胡椒粉 5 g，葱 2 根，湿生粉 50 g，清汤 500 g。

2. 刀工处理

（1）内酯豆腐、鸡鸭血、冬笋、香菇各切成火柴梗粗细的丝。肉切成 2 mm 见方的丝。

（2）鸡蛋打入碗内，用筷子打散。

（3）葱切成细末。

3. 烹制过程

（1）锅内放水烧开，将肉丝、鸡丝、火腿丝、香菇丝、笋丝焯一下水。

（2）锅置旺火上加入清汤，投入冬笋丝、肉丝、香菇丝、火腿丝、鸡丝，下酱油、精盐、味精，烧开后除去浮沫，放入血丝、豆腐丝、胡椒粉、米醋，再用湿生粉勾芡推匀，飘入蛋液，用锅铲推几下，加葱末，将汤盛入碗内即成。

4. 质量标准

色，淡红；质，嫩滑；味，酸辣鲜美。

5. 要点分析

（1）飘蛋时一定要转小火。

（2）先加酱油，后加盐，咸味比一般汤略重。

第 2 节　焖、烧

烧是原料以水为主要传热介质，经"旺火—文火—旺火"三个过程加热，成菜具有熟嫩质感的一种烹调方法。烧的第一过程旺火加热，主要指原料入锅的初步熟处理，如煎、炸、煸等，这种加工旨在对原料表层作处理，一般加热的时间较短；第二过程是添汤汁转为中小火加热，使原料成熟，令调料融合，定色、定味（时间在 15 min 以内）；烧的第三过程旺火用于收汁、勾芡。

焖是原料以水为主要传热介质，经"大火—长时间小火—大火"加热，成菜酥烂软糯、汁浓味厚的一种烹调方法。焖的操作过程与烧很相似，但在第二阶段小火加热的时间更长，一般在 30 min 以上，火也更小。经过小火长时间加热之后，原料酥烂程度和汤汁浓稠程度都比烧强，而原料的块形依然保持完整。

一、白汁鳊鱼

1. 选料

（1）主料：鳊鱼 1 条（400 g）。

（2）调料：葱、姜、酒、盐、味精、胡椒粉、水生粉适量。

2. 刀工处理

鳊鱼刮鳞，挖去鳃和内脏，洗净，葱洗净切成段，姜洗净拍松。

3. 烹制过程

铁锅烧热，下鱼煎一下，两面煎好以后，加葱姜，喷入料酒，加水，盖上锅盖，用大火烧开，然后改用中火煮几分钟到鱼眼凸出，汤汁奶白时，取出葱姜，先将鳊鱼装盘，卤汁下盐、味精、胡椒粉，再烧开，勾芡，待汁水浓厚时，淋入净油，浇于鱼身。

4. 质量标准

色，汤浓白；质，滑嫩；味，咸鲜。

5. 要点分析

（1）鱼身内黑衣必须去除干净。

（2）勾芡不能太厚。

二、红烧甩水

1. 选料

（1）主料：青鱼尾 2 条（300 g）。

（2）调料：葱姜适量，料酒 20 g，老抽、生抽各 20 g，白砂糖 20 g，熬熟精制油 125 g，味精、水生粉、清水适量。

2. 刀工处理

将青鱼尾开成厚薄均匀的长条 4 条，放在盘中排成扇面形。

3. 烹制过程

炒锅置旺火烧热，用油滑锅，再加精制油烧热，将盆中鱼尾按照原样拖入锅中稍煎，沥去余油，加料酒、酱油、白砂糖稍稠汁，加适量清水、葱姜，加盖用中火将甩水烧熟，去除葱姜，下味精用旺火收紧汤汁，用水生粉勾芡，淋入熟油旋锅稠汁后翻身，起锅拖入盘中。

4. 质量标准

色，酱红光亮；质，滑嫩；味，咸中带甜。

5. 要点分析

（1）焖烧的时间与收卤汁的火候要掌握好。

（2）煎的时间要少，条形厚薄要均匀，翻身时，尾鳍向外，扇形整齐。

三、红烧肚膛

1. 选料

（1）主料：青鱼中段 250 g。

（2）调料：生抽、老抽各 20 g，白砂糖 10 g，料酒 5 g，味精 2 g，葱、姜适量，精制油 60 g。

2. 刀工处理

将青鱼中段从龙骨处开刀，去龙骨后切成瓦状块，肚皮处的肉不切断，鱼皮涂上酱油。

3. 烹制过程

锅烧热，加精制油 50 g 烧热，下肚膛稍煎（皮朝下），随即烹入料酒，加生抽、老抽、白砂糖及清水 250 g，加葱姜，加盖用小火焖烧 3～4 min，去除葱姜再转旺火，收卤汁，下味精。勾芡后将鱼翻身，淋上少许精制油，装盘即可。

4. 质量标准

色，酱红光亮；质，滑嫩；味，咸中带甜。

5. 要点分析

（1）煎时锅要烧热，否则容易粘鱼皮，翻身时开刀面朝里。

（2）焖烧时要掌握时间，断生即起。

四、鸡骨酱

1. 选料

（1）主料：光净新母鸡半只（约 500 g）。

（2）调料：料酒 10 g，酱油 38 g，白砂糖 20 g，味精 2 g，精制油 45 g，水生粉 30 g，清汤，葱花，芝麻油适量。

2. 刀工处理

将光净的母鸡斩成 40 mm 见方的块。

3. 烹制过程

（1）净锅加精制油烧热，下鸡块煸炒，至鸡块紧缩，烹入料酒，加酱油、白砂糖待鸡块稠上色，加清汤烧开，上锅盖烧至鸡块熟。

（2）汤稠时加味精，加水生粉勾芡，淋少许精制油和芝麻油翻匀，撒上葱花，起锅装盘即可。

4. 质量标准

色，酱红；质，鲜嫩；味，咸中带甜。

5. 要点分析

鸡块要斩得大小一致，火候要掌握好，要焖酥。

五、虾仁豆腐

1. 选料

（1）主料：虾仁 50 g。

（2）副料：内酯豆腐 1 盒。

（3）调料：鸡蛋清 15 g，精制油 100 g，精盐 3.5 g，美极鸡粉 2 g，白胡椒粉 1 g，料酒 3 g，生粉 3 g，湿生粉 20 g。

2. 刀工处理

（1）虾仁漂洗干净，吸干水分，放入盛器内，加入精盐、鸡蛋清、生粉，拌和上浆。

（2）豆腐切成 1 cm 见方小丁，放入盛器内，冷水下锅，加些盐，焯至水将沸，放入虾仁一起，倒入漏勺沥去水分。

3. 烹制过程

锅置旺火上烧热，加水、精盐、鸡粉、白胡椒粉、料酒，投入豆腐、虾仁推匀，用湿生粉勾芡，淋入精制油，即可出锅装盘。

4. 质量标准

色，光亮洁白；质，鲜嫩滑爽；味，咸鲜。

5. 要点分析

(1) 勾芡时要转动锅。

(2) 用铁勺轻轻推动，以防弄碎豆腐。

(3) 豆腐一定要冷水下锅焯水。

六、响油鳝糊

1. 选料

(1) 主料：净鳝丝 250 g。

(2) 调料：精制油 75 g，芝麻油 25 g，料酒 20 g，精盐 5 g，酱油 40 g，葱花 2 g，蒜泥 1.5 g，白砂糖 2 g，水生粉 50 g，鲜汤 150 g，姜末 1 g，味精 1 g，胡椒粉少许。

2. 刀工处理

鳝丝剥去内脏，洗净，切成长 60 mm 的段。

3. 烹制过程

(1) 旺火热锅，加入精制油，投入葱花 1 g 与姜末炒至葱黄起香，放入黄鳝煸炒，弯曲发白加料酒加盖略焖，加酱油、白砂糖、精盐 1 g，少量水，加盖小火烧 2 min，加味精，开大火加水生粉勾芡，颠翻出锅装盘，并用铁勺在盘中压一小潭，将葱花、蒜泥分别放在小潭内。

(2) 另用旺火热锅，加油，烧至八成热时，将热油倒入小潭内，撒上胡椒粉即可。

4. 质量标准

色，酱红光亮；质，软嫩；味，咸鲜带甜。

5. 要点分析

(1) 鳝丝要煸透，才能去腥。

(2) 用文火烧透，勾芡不宜过稠或过稀。

七、咖喱鸡块

1. 选料

（1）主料：鸡腿（腿上部）400 g。

（2）调料：油咖喱 50 g，蒜蓉 15 g，葱白 5 g，白砂糖 10 g，精盐 10 g，味精 10 g，精制油 50 g，高汤 100 g。

2. 刀工处理

将鸡腿上节拆出骨，切成长 60 mm、宽 30 mm 的骨牌块，共 9 块，反面用刀拍松，生粉上浆。

3. 烹制过程

烧热油锅，放入精制油，将鸡块两面煎一下，待鸡块六成熟时捞出，留底油，放入蒜蓉、油咖喱炒香，将鸡块放入，加入 100 g 高汤，烧至成熟，鸡皮向上，加入精盐、味精、白砂糖调味，收汁，装盘即可。

4. 质量标准

色，深黄；质，嫩；味，咸鲜，微甜辣。

5. 要点分析

（1）原料选用肉用鸡或三黄鸡。

（2）炒咖喱时要掌握火候，否则发黑，收汁适中，最好自来芡。

八、麻婆豆腐

1. 选料

（1）主料：内酯豆腐或绢豆腐一盒。

（2）副料：牛肉末 50 g。

（3）调料：精制油 100 g，郫县豆瓣酱 35 g，花椒粉 15 g，糖 3 g，辣椒粉 4 g，姜末 1 g，味精 3.5 g，葱花 20 g，盐 5 g，蒜泥 10 g，酱油 5 g，湿生粉 30 g。

2. 刀工处理

豆腐切成 10 mm 见方的丁，在热水锅中焯水、加盐，水将沸时，捞出。

3. 烹制过程

（1）锅置旺火上，加精制油烧热，下牛肉末煸干水分，放蒜泥、姜末、辣椒粉，加入郫县豆瓣酱，炒出红油，放入料酒。

（2）豆腐丁下锅，加入高汤烧开后加酱油、糖、味精，小火烧 2 min，用湿生粉勾芡，转动锅，用勺轻轻推动几下，淋入红油，撒上葱花、花椒粉，出锅装盘。

4. 质量标准

色，金红光亮；质，滑嫩；味，咸鲜香麻辣烫。形：豆腐丁完整不碎。

5. 要点分析

（1）豆腐要用冷水锅焯水。

（2）勾芡时要用勺轻推，不能多推动。

九、家常豆腐

1. 选料

（1）主料：老豆腐 400 g。

（2）副料：瘦肉 50 g，水发香菇 20 g，冬笋片或茭白片 20 g，泡椒片 10 g，青椒 1 只。

（3）调料：郫县豆瓣酱 20 g，味精 5 g，红油 10 g，料酒 10 g，白砂糖 10 g，酱油、盐少许，葱 2 根，姜 10 g，蒜头 2 瓣，湿生粉 50 g。

2. 刀工处理

（1）瘦肉、葱、姜、泡椒、金针菜、黑木耳洗净，肉切薄片，青椒切成长方片，葱切成 3 cm 长的段，姜切末，蒜头剁成泥，泡椒切成片。

（2）将豆腐切成骨牌厚的三角形块。

3. 烹制过程

（1）锅置大火上，下精制油烧热，将豆腐逐块下锅炸，至金黄色时捞出沥油。

（2）锅内留 25 g 精制油烧热，下肉片炒至断生，投入蒜泥、姜末，炒出香味，下剁碎的郫县豆瓣酱炒开，投入泡椒片，略翻炒，放入所有副料，下豆腐块，烹入料酒，加入清水 100 g、白砂糖、酱油、味精炒匀，烧开后用小火焖 5 min 左右，开大火收浓卤汁，淋入湿生粉勾芡，起锅时加入葱段，再淋入红油，即出锅装盘。

4. 质量标准

色，金红；质，软润；味，咸辣鲜香。

5. 要点分析

（1）炸豆腐时油温要高，否则豆腐容易碎。

（2）烧时要使豆腐回软入味。

（3）卤汁勾芡要均匀。

十、酱汁中段

1. 选料

（1）主料：半爿青鱼段 600 g。

（2）调料：黄酱 25 g，葱末 10 g，姜末 15 g，料酒 25 g，白砂糖 15 g，精盐 2 g，味精 3 g，芝麻油 15 g。

2. 刀工处理

将青鱼段刮去鳞洗净，在鱼皮一面剞细直刀（间隔 15 mm）。

3. 烹制过程

（1）烧热锅，放入精制油，烧至八成热时，投入青鱼段，煎至牙黄色，取出沥去油。

（2）用原热锅煸炒黄酱，出香味后，放入白砂糖、料酒、精盐、味精、葱末、青鱼段，烧滚后用文火焖烧 10 min，取出青鱼段放入盘中。

（3）锅内余汁转用旺火收浓酱汁，淋上芝麻油，浇在青鱼段上，撒上姜末装盘即可。

4. 质量标准

色，深酱红色；质，软嫩；味，咸鲜，有甜酱味。

5. 要点分析

（1）卤汁是自来芡，不宜勾芡。

（2）煎鱼时间不能过长，防止煎焦。

十一、菜心双冬

1. 选料

（1）主料：青菜心 250 g。

（2）副料：鲜冬笋肉 100 g，水发香菇 100 g。

（3）调料：料酒 2.5 g，精盐 4 g，味精 3 g，白砂糖 1 g，清汤 150 g。

2. 刀工处理

（1）香菇剪去根蒂，洗净，切成薄片（小的香菇可整只选）。冬笋洗净后，可刻成柳叶花片，用清汤、精盐、味精煮熟，凉后切成薄片，扣在小碗内。

（2）青菜心洗净，头部削成尖形，待用。

3. 烹制过程

（1）烧热锅，放入精制油、香菇片。煮冬笋清汤，放入白砂糖，小火烧软嫩后，盛起，扣在冬笋小碗另一边，加上清汤，上笼蒸熟。

（2）原锅洗净烧热，加精制油、青菜心、精盐、味精、清汤，不断颠翻煸炒，至熟排列在圆平盘内，菜心头朝外，将双冬覆盖在菜心面上，原汤倒在铁锅内，烧开后，勾上水生粉薄芡，淋点油搅匀，淋在菜心、双冬面上。

4. 质量标准

色，绿、白、褐相应；质，外香里嫩；味，咸鲜适中。

5. 要点分析

（1）青菜心是嫩心，下锅迅速，一变色即起锅。

（2）香菇要预先烧至软滑，不仅涨发好，而且能体现特色。

十二、炒双菇

1. 选料

（1）主料：水发香菇 150 g、蘑菇或草菇 130 g。

（2）副料：小菜心 5 棵。

（3）调料：蚝油 10 g，精盐 10 g，味精或美极鸡粉 10 g，白砂糖 10 g，葱 5 g，姜 5 g，精制油 60 g，芝麻油 20 g，料酒 25 g，老抽 10 g，高汤 200 g，水生粉少许。

2. 刀工处理

将水发香菇剪去根蒂，洗净，放入扣碗，加入 100 g 高汤，上笼蒸 20 min，待用。小菜心剥去老皮，头修尖，洗净，待用。蘑菇或草菇用清水冲洗一下，焯水后，沥干水分，大的一切二。

3. 烹制过程

起沸水锅，加 5 g 精盐，5 g 精制油，将小菜心放入，成熟后捞出，排列在盘子中间。烧热油锅，放入 30 g 精制油，加入葱、姜、老抽煸透，放入蘑菇或草菇，加入味精、白砂糖、精盐稍焖收汁勾芡，淋上麻油，装在小菜心的一边。另起热油锅放入精制油，加姜末、蚝油、盐、糖、鸡粉、料酒，放入香菇烧开，勾芡，淋上芝麻油，装在菜心的另一边即成。

4. 质量标准

色，多彩；质，滑嫩；味，咸鲜适中。

5. 要点分析

小菜心要碧绿，关键是焯水时要快，才能不变色。香菇一定要高汤蒸透。蚝油要煸才能去腥。

第3节　爆、炒

　　爆是脆性动物原料以油为主要传热介质，在旺火上、极短的时间内灼烫成熟，调味成菜的烹调方法。脆嫩爽口是爆菜的最大特点。爆的油量一般与原料之比为 3∶1～2∶1，属中等油量。烫爆时油温很高，通常在八成左右。原料入锅后，水分来不及汽化，通常都会发出爆裂声，"爆"名源于此。爆与滑炒很相似，都是旺火速成，区别是爆在加热时油温更高，有些爆菜在油爆前，原料还要入沸水中烫焯一下，让剞的花纹绽开，马上再入油锅。因为选用脆性原料，成菜质地脆嫩，而滑炒的成菜质感是滑嫩。

　　炒是以油或油与金属为主要传热介质，将小形原料用中、旺火在较短时间内加热成熟，调味成菜的一种烹调方法。炒的原料都鲜嫩易熟，除自然小形者外，都须加工成片、丁、丝、条、球、末、粒、蓉、浆等形态，这是使原料在较短时间内成熟的先决条件。以油作为主要传热介质的，所用油量也不大，其与原料之比为 3∶1～2∶1，油温一般也不高，在五成（约 150℃）以内。在以油导热使原料成熟之后，往往还有一个快速调味的过程。有些炒的方法用油量极少，油能布遍锅底，略有多余即可，一般每 500 g 原料用油 100 g 左右。在这种情况下，实际上是油与金属同时作为传热介质，而且热量的传导更多的是依赖金属锅底，油除导热外主要起润滑和调味的作用。炒菜的加热时间较短，原料脱水不多，因此成品鲜嫩滑爽，但不易入味，所以除了以一些强调清脆爽嫩质感口味的蔬菜菜肴外，一般都要勾芡。

一、青椒肉丝

1. 选料

（1）主料：猪腿肉 200 g。

（2）副料：青椒 75 g，鸡蛋清 30 g。

（3）调料：味精 2 g，生粉 10 g，精盐 2 g，料酒 5 g，白胡椒粉 1 g，精制油 500 g，鲜汤少量。

2. 刀工处理

（1）将猪腿肉切成长 70 mm、3 mm 见方的丝，不少于 150 g，浸去血水，加精盐、料酒或白胡椒粉、鸡蛋清，放入生粉拌匀上浆。

（2）将青椒去籽洗净，去两头，批成长 60 mm、2.5 mm 见方的丝，不少于 50 g。

3. 烹制过程

（1）锅烧热，加精制油烧至四成热时，将肉丝下锅滑散至熟，将青椒丝放入后，倒入漏勺沥油。

（2）原锅倒尽余油，烹入料酒，加精盐、味精和少量鲜汤，再放入肉丝和青椒丝颠翻几下，用水生粉勾芡，淋上精制油，装盘即可。

4. 质量标准

色，绿白相间；质，滑嫩爽口；味，咸鲜适中。

5. 要点分析

肉丝上浆后加油容易滑散。操作时要掌握油温，防止结团。

二、清炒虾仁

1. 选料

（1）主料：虾仁 300 g。

（2）调料：葱姜汁少许，味精 1 g，精盐 2 g，鸡蛋清 15 g，生粉 10 g，精制油 500 g。

2. 前期处理

（1）将剥好的虾仁加少许精盐，擦洗一下，然后用水洗净，再抽出背筋黑沙。

（2）将虾仁置于水中冲洗干净。

（3）冲洗后沥干水分，再用干净的毛巾将虾仁的水分吸尽，然后加精盐、味精、鸡蛋清上浆，上浆后置于冰箱中让其涨发。

3. 烹制过程

起五成热油锅，倒入虾仁滑散后再倒入漏勺。原锅加少许汤及调味料，烧开勾芡，再将虾仁倒入，旺火翻炒几下，出锅时淋少许精制油装盘即成。

4. 质量标准

色，玉白；质，鲜嫩；味，咸鲜。

5. 要点分析

（1）虾仁上浆后，要有一定时间醒发。

（2）油温不能太高。

三、银芽肉丝

1. 选料

（1）主料：猪腿肉 200 g。

（2）副料：银芽 50 g。

（3）调料：鸡蛋清 30 g，精盐 5 g，味精 2 g，白胡椒粉 1 g，料酒 10 g，生粉 15 g。

2. 刀工处理

（1）将猪腿肉切成长 70 mm、3 mm 见方的肉丝，浸去血水，然后用盐、白胡椒粉、鸡蛋清、生粉上浆，待用。

（2）银芽洗净，去掉两头，长短跟肉丝相同，将调味料、精盐、味精混合好兑汁芡。

3. 烹制过程

（1）烧热锅，放入精制油，待油温四成热时，将肉丝放入锅内滑油；肉丝散开断生后，即起锅捞出沥油。

（2）原锅舀少许油，放入银芽煸炒一下，倒入漏勺内。

（3）原锅放高汤、酒、盐、味精，倒入肉丝，勾芡后再放入银芽，翻匀淋油出锅。

4. 质量标准

色，清白光亮；质，滑嫩爽口；味，咸鲜。

5. 要点分析

银芽入锅时要掌握好油温，过生或过熟都会影响菜肴质量。

四、蚝油牛肉

1. 选料

（1）主料：牛肉 200 g。

（2）调料：蚝油 20 g，葱段和姜片各少许，料酒 15 g，高汤 75 g，酱油 20 g，白砂糖 15 g，味精 5 g，生粉 20 g。

2. 刀工处理

牛肉去筋，顶丝切成长 40 mm、宽 30 mm、厚 2 mm 的片，上苏打浆，静置 2 h。

3. 烹制过程

（1）烧热锅，放入精制油，待油温四成热时，将上浆牛肉片投入锅内滑油，一成熟便将牛肉捞出沥干油。

（2）锅留底油，先将葱段、姜片煸炒，加入蚝油、料酒及酱油、白砂糖、味精、调料，加高汤待滚沸时，将成熟牛肉片放入，用湿生粉勾芡，推匀，装盘即成。

4. 质量标准

色，酱红光亮；质，滑嫩；味，咸鲜，浓郁的蚝油香味。

5. 要点分析

（1）牛肉片上浆时要醒透。

（2）滑油时油温不能低，否则易脱浆。

(3) 蚝油要炒香后才能加其他调料。

五、芙蓉肉片

1. 选料

（1）主料：猪腿肉 200 g。

（2）副料：鸡蛋清 180 g。

（3）调料：生粉 50 g，精盐 10 g，味精 10 g，高汤 75 g，白胡椒粉 2 g。

2. 刀工处理

将猪腿肉切成肉片，浸去血水，加入盐、白胡椒粉，鸡蛋清、湿生粉拌和上浆，待用。

3. 烹制过程

（1）烧热油锅，油温四成热时，将上浆的腿肉片滑油，成熟时捞出。

（2）另起热油锅，放入精制油烧至约三成热时，将鸡蛋清放入少许水淀粉（盐、味精放在水淀粉中）再入锅，成熟倒出，沥干油，再烧热锅放入、高汤滚沸后放入精盐、味精调味，勾少许芡，翻匀肉片、鸡蛋清，淋上油即成。

4. 质量标准

色，洁白如玉；质，滑嫩；味，咸鲜。

5. 要点分析

（1）鸡蛋清加水淀粉时，要轻拌，不能用力打。

（2）下蛋清时火要小，油温要掌握好。

六、茄汁鱼片

1. 选料

（1）主料：青鱼肉 250 g。

（2）调料：番茄酱 75 g，白砂糖 30 g，精盐 10 g，味精 10 g，料酒 10 g，白胡椒粉 2 g，鸡蛋清 15 g，高汤少许，湿生粉适量。

2. 刀工处理

洗净青鱼肉，然后将鱼背的鱼刺去掉，再切成长 60 mm、宽 25 mm、厚 3 mm 的鱼片，然后用盐、白胡椒粉、鸡蛋清拌和，再加上水生粉上浆，加 5 g 精制油后待用。

3. 烹制过程

烧热油锅，倒入精制油待油温至四成热时，将青鱼片放入滑油，成熟即捞出，沥干油。原锅加入番茄酱，加入少许水、料酒及味精、精盐、糖调味，烧沸后放入鱼片用水生粉勾芡，淋上少许熟油即成。

4. 质量标准

色，茄红光亮；质，滑嫩；味，咸鲜中略带酸甜。

5. 要点分析

(1) 鱼肉去鱼刺后，即先用清水漂清，不要待鱼片切好后再漂洗。

(2) 鱼片上浆后要放入冰箱（0～2℃），1 h 后入锅为佳。

(3) 番茄酱不能炒的时间太长，否则容易发黑。

七、鱼香肉丝

1. 选料

(1) 主料：猪腿肉 250 g。

(2) 副料：冬笋丝或茭白丝。

(3) 调料：泡椒 1 只，鸡蛋清 30 g，郫县豆瓣酱 20 g，精盐 1 g，味精 1.5 g，酱油 5 g，白砂糖 20 g，米醋 20 g，生粉 10 g，水生粉 10 g，料酒 10 g，鲜汤 5 g，红油 2 g，葱 5 根，姜 10 g，蒜泥 5 g。

2. 刀工处理

(1) 猪腿肉洗净，切成长 70 mm、2.5 mm 见方的丝，不少于 200 g，装入容器，加精盐、料酒 5 g，打入鸡蛋清、生粉搅匀上浆。

(2) 泡椒、葱、姜，均切成细丝。

(3) 小碗放入味精、白砂糖、米醋、料酒、鲜汤、酱油、水生粉，调和成兑汁芡。

3. 烹制过程

(1) 锅洗净，置旺火上烧热，加精制油 500 g 烧热，投入肉丝滑散，至断生放入笋丝，倒入漏勺沥油。

(2) 原热锅加油 15 g，下蒜泥、姜末、泡椒丝，炒出香气，放入剁细的郫县豆瓣酱，炒出红油，下滑过油的肉丝、笋丝，加酒，炒匀后再放糖、醋勾芡，撒上葱花，淋上红油，颠翻几下，出锅装盘。

4. 质量标准

色，金红；质，滑嫩；味，咸鲜辣略带酸甜。形，肉长短粗细均匀。

5. 要点分析

(1) 调味时，甜、酸、辣要平衡。

(2) 豆瓣酱要炒出红油，再放肉丝翻匀。

八、辣子肉丁

1. 选料

（1）主料：猪腿肉 300 g。

（2）副料：冬笋肉 100 g，或莴苣肉 100 g。

（3）调料：鲜汤少许，酱油 3 g，精盐 2 g，白砂糖 3 g，味精 5 g，泡椒丁 16 g，红油 2 g，郫县豆瓣酱 5 g，葱 1 根，姜 2 g，蒜头 2 瓣，鸡蛋清 30 g，生粉 25 g，水生粉少许。

2. 刀工处理

（1）将猪腿肉洗净两面排斩后切成丁，放入盛器内，加入料酒、精盐、味精、鸡蛋清，用生粉拌上浆。

（2）冬笋肉下冷水锅煮熟后取出，冷却后切成丁待用。葱切节，姜切片，蒜切泥。

3. 烹制过程

（1）用小碗放入料酒、精盐、白砂糖、酱油、味精和少许高汤、水生粉，调成兑汁芡待用。

（2）烧热锅放入精制油，烧至四成热时，投入肉丁和笋丁，待滑散变色后，倒入漏勺，趁热锅加入少许精制油，将剁细的郫县豆瓣酱、泡椒丁、葱节、姜片、蒜泥下锅，煸炒至呈红色，投入肉丁、笋丁炒和，倒入作料，颠翻几下，淋入红油，起锅装盘。

4. 质量标准

色，金红；质，肉滑嫩，笋嫩；味，咸鲜辣。

5. 要点分析

（1）肉要两面排斩后，再改刀切丁。

（2）郫县豆瓣酱一定要煸出红油，下肉丁翻炒。

九、宫保鸡丁

1. 选料

（1）主料：鸡腿肉 200 g。

（2）副料：花生仁 50 g。

（3）调料：干尖辣椒 5 只，酱油 5 g，花椒粉 2 g，白砂糖 10 g，郫县豆瓣酱 15 g，米醋 5 g，料酒 10 g，精盐 1 g，味精 1 g，生粉 10 g，湿生粉 10 g，蒜头 2 瓣，葱 2 根，姜 5 g，红油 5 g。

2. 刀工处理

（1）鸡脯肉洗净，用刀两面排斩，切成 10 mm 见方的鸡丁，装入盛器。加精盐、料酒、生粉，打入鸡蛋清，搅匀上浆。

（2）干尖辣椒去籽，剪成长 5 mm 的段，姜、蒜切片，葱洗净，切成节。

3. 烹制过程

（1）小碗内放入味精、白砂糖、米醋、料酒、酱油、花椒粉、湿生粉，调匀成兑汁芡。

（2）锅置旺火上，加精制油 250 g，锅热后下花生仁（花生仁先用沸水泡一下，剥去衣），炸脆捞出沥干油。

（3）锅内下精制油，烧热后下浆好的鸡丁滑油，至断生倒入漏勺沥油。

（4）锅置大火上，加精制油 15 g 烧热。下干尖辣椒炒至褐色，下蒜、葱、姜炒出香气，放入郫县豆瓣酱煸出红油，投入鸡丁炒匀，迅速淋入兑汁芡，颠翻几下，淋红油，立即离火放入花生仁，炒匀，出锅装盘。

4. 质量标准

色，金红；质，肉滑嫩，花生香脆；味，咸鲜辣略带酸甜麻。

5. 要点分析

（1）鸡脯一定要排斩后改成丁。

（2）干辣椒不能煸焦。

（3）郫县豆瓣酱要煸出红油才下鸡丁翻匀。

十、三色鱼丁

1. 选料

（1）主料：鲈鱼 1 条（400 g）。

（2）副料：圆青椒 100 g，水发净香菇 50 g，净胡萝卜 50 g。

（3）调料：鸡蛋清 30 g，料酒 20 g，精盐 5 g，味精 4 g，葱姜水汁 20 g，清汤 35 g，水生粉 25 g。

2. 刀工处理

鲈鱼刮净鱼鳞，取出鱼鳃、内脏，用刀卸下两侧鱼肉后剔去鱼皮，洗净，切成 1 cm 见方的鱼丁，用清水、葱姜水洗一下，沥干水分，盛入碗内，加入料酒、精盐、味精、鸡蛋清、生粉，拌匀上浆，加入精制油，醒一下。圆青椒洗净切去蒂、籽、筋，与香菇、胡萝卜分别切成鱼丁大小的丁，待用。

3. 烹制过程

烧清水锅，下胡萝卜丁、香菇丁，煮开后倒入漏勺，沥干。原锅烧热，加入精制油，待油温达四成热时，将鱼丁放入锅内，滑熟后，下青椒丁、香菇丁、胡萝卜丁，滑散后倒出。原锅内加入料酒、精盐、味精、清汤、水生粉烧至稠厚，迅速倒入鱼丁、青椒丁、香菇丁、胡萝卜丁，不断颠翻，淋点油，起锅装盘。

4. 质量标准

色，多彩；质，脆嫩；味，咸鲜。

5. 要点分析

（1）滑鱼丁时油温不宜过高，否则容易结团、发黄。

（2）三副料滑油时间不能过长，否则会影响色泽。

十一、酱包鸡丁

1. 选料

（1）主料：鸡脯肉 250 g。

（2）调料：鸡蛋清 30 g，黄酱 25 g，豆瓣酱 20 g，料酒 25 g，白砂糖 20 g，味精或美极鸡粉 3 g，精盐 2 g，芝麻油 10 g，水生粉 25 g，酱油 10 g。

2. 刀工处理

鸡脯肉用刀剔去筋膜，十字排斩后，切成 10 mm 见方的丁，放入碗内，加精盐、鸡蛋清、生粉上浆。

3. 烹制过程

烧热油锅，放入精制油烧至四成热时，放入鸡丁滑至断生，倒入漏勺，原锅留油，加入黄酱或豆瓣酱炒干水分，即加入白砂糖，待炒至熔化，加入料酒、酱油、味精一起炒，当酱和油分离时，酱即起黏性，迅速倒入鸡丁翻炒，使酱粘在鸡丁上，淋上芝麻油即可装盘。

4. 质量标准

色，酱红；质，滑嫩；味，咸鲜带甜。

5. 要点分析

（1）滑鸡丁时要掌握好油温，不宜太高。

（2）黄酱一定要炒匀，至黏稠时才能倒入鸡丁。

十二、炒猪肝

1. 选料

（1）主料：新鲜猪肝 250 g。

（2）副料：水发黑木耳 50 g，冬笋 1 只。

（3）调料：葱节和姜丝各 5 g，料酒 10 g，酱油 15 g，白砂糖 10 g，味精 1 g，米醋

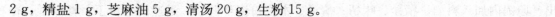

2 g，精盐 1 g，芝麻油 5 g，清汤 20 g，生粉 15 g。

2. 刀工处理

（1）先将猪肝洗干净，用刀去净筋膜，用直切法切成薄片。

（2）冬笋去外壳，焯水后切成菱形片，黑木耳洗净，撕成小朵，待用。

3. 烹制过程

（1）在烹制时，猪肝片加少许生粉拌和，炒锅放在旺火上热锅，用油滑锅后，锅里再放精制油烧至五成油温时，推入猪肝片，用铁勺轻轻滑散，滑至猪肝片外表凝固，内部已八成熟时，即端锅倒入漏勺里，沥油。

（2）锅里稍留余油，先投入姜丝、葱节爆出香味，再加入料酒、酱油、白砂糖、味精、精盐及清汤 20 g 左右，烧开即用水生粉勾芡，用铁勺搅开，随将猪肝片、冬笋片、黑木耳回锅，加点热油，端锅颠翻几次，翻至卤汁包上猪肝，淋入芝麻油，出锅装盘。

4. 质量标准

色，淡酱红；质，滑嫩无血水；味，咸中带甜。

5. 要点分析

猪肝滑油不能完全断血水，否则再回锅炒时会变老。

十三、回锅肉

1. 选料

（1）主料：猪后腿（坐臀）肉 150 g。

（2）副料：橄榄菜叶 100 g。

（3）调料：郫县豆瓣辣酱 25 g，甜面酱 20 g，黄酒 20 g，蒜片、味精、泡椒片各适量。

2. 刀工处理

（1）猪后腿（坐臀）肉，放在汤锅里煮至断生，捞出晾凉，切成长 80 mm、宽 40 mm 的薄片。

（2）橄榄菜去梗留叶，摘成大小均匀的叶片。

3. 烹制过程

（1）烧热锅，放生油，加热至六成热时，把蒜片、肉片、泡椒片放入锅内煸炒，至肉片卷缩，将要吐油时，将郫县豆瓣辣酱、甜面酱，放入炒透。

（2）加黄酒、味精炒和，再把橄榄菜下锅，煸炒至橄榄菜叶柔软，出锅装盘即成。

4. 质量标准

色，红绿相间；质，软嫩；味，香、辣、鲜中透甜。

5. 要点分析

（1）坐臀肉只能煮到七成熟左右。

（2）肉片一定要煸炒至卷缩，将吐油时为宜。

十四、蒜爆鱿鱼卷

1. 选料

（1）主料：水发鱿鱼 400 g。

（2）调料：蒜头 1 瓣，葱 1 根，精盐 2 g，味精 2 g，料酒 5 g，胡椒粉 1 g，水淀粉 3 g，醋 2 g，麻油 2 g。

2. 刀工处理

（1）水发鱿鱼用刀剖成麦穗花刀形后，切成长方的块形。

（2）烧热锅放入开水，烧滚后放入鱿鱼块，略烫，见鱿鱼卷起即倒入漏勺，沥去水分。

3. 烹制过程

（1）碗内加入精盐、味精、胡椒粉、水淀粉、酒、醋、麻油，汤调成兑汁芡。

（2）锅内放入精制油，烧至七成热时，将鱿鱼块倒入略爆，迅速倒回漏勺，沥去油，热锅内加入蒜泥、葱白煸香，将鱿鱼卷倒入，放入兑汁芡颠翻几下，即装盘。

4. 质量标准

色，白洁光亮；质，脆嫩爽口；味，咸鲜适中。

5. 要点分析

（1）鱿鱼刀工处理要深浅一致，整齐均匀。

（2）爆时油温略高，动作迅速。

（3）水淀粉要略多一些。

第4节 炸、熘

炸是以油为导热体，原料在大油锅中必经高温阶段加热，成菜具有香、酥、脆、嫩的特点，不带卤汁的一种烹调方法。炸的火力一般较旺，油量也大。油与原料之比为 3：1 以上，炸制时原料全部浸在油中。油温要根据原料而定，并非始终用旺火热油加热，但都必须经过高温加热的阶段。这与炸菜外部香脆的要求相关。为了达到这一要求，操作往往要分两步，第一步主要是使原料成熟，所用油温不高；第二步复炸，使外表快速脱水变脆，则要用高油温。炸菜从油锅中捞出即成，不再有另外调味的程序（跟、撒调料除外）。

炸的特点是：

第一，能使成品具有外脆里软的特殊质感。炸所必经的高油温阶段指的是七八成油温，即200℃以上。这个温度大大高于水的沸点100℃，悬殊的温差可使原料表面迅速脱水，而原料内部仍保存多量水分，因而能达到制品外脆里嫩的效果。如炸制前在原料表层裹附上一层粉糊或糖稀，或者将原料蒸至酥烂再炸，表层酥脆、里边酥嫩的质感可更为突出。

第二，能使原料上色。高温加热使原料表层趋向炭化，颜色逐步由浅变深（米黄→金黄→老黄→深红色、褐色），如果不加控制地继续加热，则原料可完全炭化而呈黑色。颜色变化的规律是油温越高、加热时间越长，颜色越易深。同时，颜色还与油脂本身有关，油脂颜色白、使用次数少，原料上色就慢，反之则快。炸菜所取的颜色应该在金黄色到老黄色之间。

原料用某一种基本烹调方法加热成熟后，包裹上或浇淋上即时调制成的卤汁的烹调方法称为"熘"。所用基本烹调方法和加热成熟措施有炸、蒸、煮、滑油，成菜口味特殊，往往是三四种滋味以上的复合味。为了突出这种复合味，所以熘菜卤汁较多。炸本身没有卤汁，蒸、煮菜以咸鲜味为主；滑油炒菜虽有众多的口味，但却没有较宽的卤汁，有鲜嫩感而没有滑熘感。因此也可以说熘是某些基本烹调方法的扩展和补充。

根据熘的烹调方法及其主要加热成熟措施，熘可分为炸熘（脆熘）、蒸煮熘（软熘）、滑熘等几种。

炸熘也称为脆熘，是原料炸脆之后浇淋或包裹上具有特殊口味的卤汁的熘法。炸熘强调外脆里嫩。要使卤汁的美味既被表层所吸收，又不使脆硬的外表潮软。

蒸煮熘也称软熘，蒸煮熘是先将原料蒸、煮成熟，另外调制卤汁浇淋于原料上的一种熘法。成菜质地非常软嫩。卤汁同样强调特殊口味。蒸煮熘的原料必须选择质地软嫩、新鲜的，以鱼为多。蒸煮时应注意一断生即离火，沥干汤汁装盘。调制卤汁的汤汁一般用蒸、煮原汤，卤汁宜多些，勾芡宜厚些，用油宜少些。蒸煮熘口感强调于复合味中透露出清淡，代表菜为西湖醋鱼、五柳鱼等。还有一种用烧法作熘，调料多用醋糖，称为醋熘。

滑熘指原料上浆滑油成熟后再调以有特殊口味的较多卤汁的熘法。滑熘菜肴以汁宽滑利鲜嫩见长。操作过程是先将原料滑熟，再另行在锅内烹制卤汁，勾芡后倒入原料，稍加拌和即成。滑熘的卤汁下芡不能太多，用油也不可太多。滑熘的代表菜有糟熘鱼片等。

一、椒盐排条

1. 选料

（1）主料：猪大排骨肉 250 g。

（2）调料：料酒 10 g，精盐、味精、葱花、花椒盐、芝麻油适量，生粉 75 g，精制油 1 000 g。

2. 刀工处理

将猪大排去骨后，切成长 60 mm、10 mm 见方的条，加料酒、精盐、味精拌和稍渍，然后加入干生粉挂糊。

3. 烹制过程

炒锅置旺火上，下精制油，烧至六成热时，将排条逐块下油锅炸熟捞起。待油锅再达七成热时，下排条，炸成金黄色时捞起，倒去锅中油，放入排条，烹酒、味精、椒盐粉，并不断翻动炒锅，即可起锅装盘，上桌时也可跟花椒盐蘸食。

4. 质量标准

色，金黄；质，外脆里嫩；味，咸鲜香。

5. 要点分析

炸时挂糊，复炸油温要高，初炸油温高了会造成外焦里不熟。

二、香炸凤翼

1. 选料

（1）主料：鸡翅中段 8 只（400 g）。

（2）调料：味精 3 g，精盐 5 g，料酒 10 g，葱姜汁少许，生粉 150 g。

2. 刀工处理

将鸡翅中段洗净，放入汤盆内，加料酒、葱姜汁、精盐、味精，拌和腌渍 10 min，随后将每只鸡翅吸干，待用。

3. 烹制过程

烧热油锅，放入精制油 1 000 g，待油烧至六成热时，将鸡翅拍上干淀粉放入油锅中炸至浅黄色，再将油温升至七成热，复炸成金黄色，即可装盘。

4. 质量标准

色，金黄；质，外脆里嫩；味，咸鲜适中。

5. 要点分析

（1）鸡翅腌渍要入味，并吸干水分。

（2）拍粉时要现拍现炸，否则不脆。

（3）复炸一定要油温高一些。

三、芝麻鱼条

1. 选料

（1）主料：鱼肉（200 g）。

（2）调料：鸡蛋液 30 g，白芝麻 50 g，面粉 100 g，料酒 30 g，精盐 5 g，葱姜水汁 60 g，味精或美极鸡粉 5 g，白胡椒粉 2 g，泡打粉 1 g，干淀粉 25 g。

2. 刀工处理

（1）将鱼肉改刀成长 70 mm、10 mm 见方的条。

（2）把葱姜水汁、料酒、精盐、味精放入碗内，调成卤汁。鸡蛋液加入面粉调成蛋糊。将鱼条放入卤汁内搅匀，泡 30 min 后，放入蛋糊内拌匀、捞出，再将鱼条滚上白芝麻。

3. 烹制过程

烧热锅，放入精制油，待油烧至五成热时，将粘上芝麻的鱼肉下锅初炸成型后，再升高油温，复炸捞出装盘。

4. 质量标准

色，金黄；质，外香脆里嫩；味，咸鲜适中。

5. 要点分析

（1）鱼肉改刀要粗细均匀。

（2）挂全蛋糊时鱼条不要太湿。

（3）油温不宜过高，否则芝麻会焦。

四、糖醋鱼块

1. 选料

（1）主料：青鱼块 200 g。

（2）调料：番茄酱 10 g，白砂糖 30 g，白醋 30 g，精盐 1.5 g，生粉 75 g，湿生粉 30 g，白胡椒粉 1 g。

2. 刀工处理

青鱼中段洗净去脊骨，去皮，切成 15 mm 见方的块，置盛器内加入料酒、盐、白胡椒粉、25 g 水，拌匀。

3. 烹调过程

（1）锅置大火上，加精制油烧热，将鱼块挂上水粉糊逐块下锅，炸成外表略脆捞出，待油温升高时再下鱼块复炸，待硬脆后，倒入漏勺沥油。

（2）锅置大火上加精制油 25 g 烧热，加番茄酱、白砂糖、精盐、白醋、水炒匀，用湿生粉勾成糊芡。倒入炸好的鱼块翻匀，使卤汁紧包，淋上精制油，即出锅装盘。

4. 质量标准

色，茄红光亮；质，外脆里嫩；味，酸甜强烈。

5. 要点分析

（1）青鱼块一定要复炸，才能外脆里嫩。

（2）番茄酱不能多炒，否则要发黑。

五、咕噜肉

1. 选料

（1）主料：净猪上脑肉或夹心肉 150 g。

（2）副料：菠萝或青椒块 25 g，洋葱块 25 g，青红椒片 25 g。

（3）调料：料酒 10 g，精盐 2 g，水生粉 75 g，生粉 150 g，白砂糖、白醋、番茄酱、胡椒粉各 2 g。

2. 刀工处理

将猪上脑肉批成厚片，用刀背拍松。切成骨牌形厚片，放入盛器，加料酒、精盐、胡椒粉拌和。

3. 烹制过程

（1）烧热锅后，放入精制油，待油温五成热，先把洋葱片、青红椒片在油中烫一下，再将肉块挂上水粉糊再拍上干淀粉逐块投入炸至浅黄色，捞起再将油烧至七成热，复炸成金黄色。

（2）锅中留余油 5 g，放入番茄酱、水、盐、糖、白醋烧开勾芡淋油，然后把炸熟的肉块放入锅内，翻锅推匀，再放入洋葱片、青红椒片翻匀装盘即可。

4. 质量标准

色，茄红光亮；质，外香酥，内松嫩；味，酸甜强烈。

5. 要点分析

（1）选料要准确，否则质量要受影响。

（2）干粉一定要现拍现炸，刚下锅不能推动它，复炸油温要高。

（3）必须先勾芡后才能倒入肉球。

六、合川肉片

1. 选料

（1）主料：猪肥瘦肉 200 g。

（2）副料：水发黑木耳 25 g，荸荠 100 g。

（3）调料：鸡蛋 100 g，精盐 1 g，味精 2 g，白砂糖 10 g，米醋 10 g，料酒 10 g，郫县豆瓣酱 30 g，干生粉 25 g，水生粉 15 g，红油 20 g，蒜头 3 瓣，葱 2 根，姜 5 g。

2. 刀工处理

（1）猪肥瘦肉洗净切成长 40 mm、宽 20 mm、厚 3 mm 的片。荸荠洗净去皮，斩成粒。将肉片和荸荠粒放入容器内，打入鸡蛋，加精盐、料酒、清水、生粉调匀上浆。

（2）葱、姜、蒜洗净，切成细末。

3. 烹制过程

（1）小碗内放入味精、白砂糖、米醋、料酒、清水、水生粉调成兑汁芡。

（2）锅置旺火上烧热，下精制油，烧至五成热，逐片投入挂糊肉片，理平，煎至外表呈金黄色时，将肉片翻面，也煎成金黄色，倒入漏勺沥油。

（3）锅内留余油 20 g，烧热，下葱、姜、蒜末，炒出香气，加剁细的郫县豆瓣酱，炒出红油，投入煎好的肉片和黑木耳，迅速翻炒几下，淋入兑汁芡，颠翻几下，淋入芝麻油，即出锅装盘。

4. 质量标准

色，色泽金黄；质，脆嫩；味，酸甜辣鲜香。

5. 要点分析

肉片挂糊，生粉要多，兑汁芡下锅后动作要快，否则还会软，口感不脆。

第 9 章

凉菜制作实例

第1节 凉菜概述

一、凉菜的特性

1. 滋味稳定

凉菜不受温度限制，搁久了滋味不会受到影响，这就适应了酒宴上宾主边吃边饮，相互交谈的特点。所以，它是理想的佐酒佳肴。

2. 常以首菜入席，起着先导作用

凉菜常作为第一道菜入席，很讲究装盘工艺，优美的形、色，对整桌菜肴的评价有着一定的影响。特别是一些图案装饰冷盘，不仅能引起食欲，而且对于活跃宴会气氛也起着一定的作用。

3. 风味独特

凉菜自成一格，所以还可独立成席，如冷餐宴会、鸡尾酒会等，都是主要由凉菜组成。

4. 可以大量制作，便于提前预备

由于凉菜不像热菜那样随炒随吃，可以提前备货，便于大量制作。若开展方便快餐业务或举行大型宴会，凉菜就能缓和热菜烹调时间方面的紧张。

5. 便于携带，食用方便

凉菜一般都具有无汁无腻等特点，所以它便于携带，也可作为馈赠亲友的礼品。在旅途中食用，不需加热，也不一定依赖于餐具。

6. 可作橱窗的陈列品，起着广告作用

由于凉菜没有热气，又可以久搁，因而可作为橱窗陈列的理想菜品。这既能反映企业的经营面貌，又能展示厨师的技术水平。对于饮食部门营销，有一定的积极作用。

二、凉菜与热菜的异同

1. 烹制特点

凉菜与热菜相比，在制作上除了原料初加工基本一致外，明显的区别是：前者一般是先烹调，后刀工；而后者则是先刀工，后烹调。热菜一般是利用原料的自然形态或原料的割切及加工复制等手段来构成菜肴的形状，凉菜则以丝、条、片、块为基本单位来组成菜

肴的形状，并有单盘、拼盘、什锦拼盘以及工艺性较高的花色图案冷盘之分。热菜调味一般都能及时见效果，并多利用勾芡以使调料分布均匀；凉菜调味强调"入味"，或是附加蘸食用调味品。热菜必须通过加热才能使原料成为菜品，凉菜有些品种不必加热就能成为菜品。

热菜是利用原料加热以散发热气使人嗅到香味；凉菜一般讲究香味透入肌里，使人越嚼越香，所以素有"热菜气香"和"冷菜骨香"之说。

2. 品种特点

凉菜和热菜一样，其品种既有常年可见的，也有四季时令菜品。凉菜的季节性以"春腊、夏拌、秋糟、冬冻"为典型代表。这是因为冬季腌制的腊味，需经一段"着味"过程，只有到了开春时食用，始觉味美。夏季瓜果蔬菜比较丰盛，为凉拌菜提供了广泛的原料。秋季的糟货是增进食欲的理想佳肴。冬季气候寒冷有利于羊羔、冻蹄烹制冻结。可见凉菜的季节性是随着客观规律变化而形成。现在也有反季供应，因为餐厅都有空调，有时冬令品种放在盛夏供应，更受消费者欢迎。

3. 风味、质感

从总体来讲，凉菜以香气浓郁、清凉爽口、少汤少汁（或无汁）、鲜醇不腻为主要特色，具体又可分为两大类型，一类是以鲜香、脆嫩、爽口为特点，一类是以醇香、酥烂、味厚为特点。前一类的制法以拌、炝、腌为代表，后一类的制法则以卤、酱、烧等为代表，它们各有不同的风格。

第2节　部分凉菜的制作

一、菜松

1. 选料
（1）主料：青菜叶 250 g。
（2）调料：精盐 2 g，味精 2 g，精制油 400 g（实耗 50 g）。

2. 刀工处理
把青菜叶洗净，切成长纱线状丝。

3. 烹制过程
锅内放入精制油，烧至六七成热时，放入青菜丝炸脆，用漏勺捞出，冷却后撒上精盐、味精，拌匀即成。

4. 质量标准

色，翠绿；质，松；味，咸鲜。

5. 要点分析

掌握油温，动作要快捷，炸脆即出锅摊开，防止中间焦黑。

二、土豆松

1. 选料

（1）主料：土豆 250 g。

（2）调料：精盐 2 g，味精 2 g，精制油 500 g（实耗 50 g）。

2. 刀工处理

土豆去皮洗净，切成长纱线状细丝，并在清水内漂清淀粉汁，然后捞出沥干水分。

3. 烹制过程

锅内放入精制油，烧至七成热时，投入土豆丝，炸至土豆丝松脆，用漏勺捞出，冷却后撒上精盐、味精，拌匀即可。

4. 质量标准

色，金黄；质，松、脆；味，咸鲜、香。

5. 要点分析

正确掌握油温，土豆丝粗细均匀。

三、糖醋小排骨

1. 选料

（1）主料：小排骨 250 g。

（2）调料：精制油 30 g，酱油 1 g，精盐 1 g，白砂糖 30 g，米醋 20 g，料酒 10 g。

2. 刀工处理

小排骨用温水洗去油污，斩成 4 cm 见方的块，用清水冲洗后，沥干水分。

3. 烹制过程

（1）锅置大火上，加清水 500 g，烧沸，投入小排骨焯水，倒入漏勺，用清水洗后，沥干水分。

（2）锅洗净，加精制油，烧至八成热，投入小排骨煸炒几下，下料酒、酱油、精盐、白砂糖和米醋 10 g，炒匀后加水 300 g，煮沸后加盖用小火焖 20 min 左右，再用大火收浓卤汁，起锅前加另一半米醋，炒一下，装盘。

4. 质量标准

色，酱红；质，香酥；味，酸甜。

5. 要点分析

收汁要开大火，卤汁要紧包。

四、油爆虾

1. 选料

（1）主料：河虾 200 g。

（2）调料：精制油 400 g（实耗 50 g），白砂糖 20 g，精盐 5 g，味精 3 g，料酒 5 g，葱 2 根，姜 3 g。

2. 刀工处理

（1）河虾剪去须、脚，洗净后沥干水分。

（2）葱洗净切成细末，姜洗净切成细末。

3. 烹制过程

（1）洗净铁锅，倒入精制油，烧至八成热，下河虾，炸至须脚张开，倒入漏勺滤油。

（2）锅内留余油 15 g，下葱、姜末煸炒起香，放入炸好的河虾，加料酒、白砂糖、精盐、味精和清水 25 g，翻炒至卤汁将干时出锅，整齐地排列，放入盘中。

4. 质量标准

色，红亮；质，壳脆肉嫩；味，咸中带甜。

5. 要点分析

炸河虾油温要高，使虾壳脱肉，卤汁能较多地渗入壳内。

五、熏鱼

1. 选料

（1）主料：青鱼中段 250 g。

（2）调料：黄酒 5 g，酱油 35 g，白砂糖 30 g，味精 1 g，五香粉 0.5 g，葱 2 根，姜 1 块，茴香 2 颗，桂皮 1 小块。

2. 刀工处理

（1）洗净青鱼中段，除去龙骨，斜切成 15 mm 厚片，放入盛器，加 20 g 酱油拌和。

（2）葱、姜洗净，葱打结，姜切成 3 片。

3. 烹制过程

（1）锅内放油烧至七成热时，将青鱼片下锅，炸至外表呈金黄色、发脆时捞出、沥油。

（2）锅内留少量热油，煸葱节、姜片起香，下黄酒、酱油、白砂糖、味精、五香粉、茴香、桂皮，加 50 g 水和匀，待糖溶化，烧沸后下青鱼片，轻轻翻拌，使青鱼片吸干卤汁，挑去葱、姜装盘。

4. 质量标准

色，酱红；质，外脆里嫩；味，咸中带甜。

5. 要点分析

（1）炸鱼时，油温要高，不要多翻动，否则鱼容易碎。

（2）卤汁配制要准确，否则影响口味。

（3）收汁时要尽量收干，才能入味。

六、白斩鸡

1. 选料

三黄鸡 1.25 kg。

2. 刀工处理

将鸡宰杀，去内脏后，洗净。

3. 烹制过程

（1）将水（以淹没鸡为度）烧沸，放入鸡，用小火煮大约 25 min。水不能翻滚，以免鸡皮破裂。

（2）用竹签戳入鸡腿肉，如没有血水溢出，即可捞出，浸入凉开水中，冷却。

4. 质量标准

色，本色；质，嫩；味，蘸食。

5. 要点分析

煮鸡时先烫后煮，使鸡皮均匀收缩；水开后即转小火，将鸡浸熟。鸡取出后，可用麻油涂全身，防变色。

七、盘形黄瓜

1. 选料

黄瓜 400 g。

2. 刀工处理

（1）黄瓜改刀成 25 mm 宽的长条，去籽后跳刀切成梳子状，用盐水浸渍。

（2）小部分梳子黄瓜置于小碟中间"打底"。

（3）拧开黄瓜块形由左及右盘围一周，然后按由下及上的顺序再盘围一周，至最后收口时，用一块梳衣黄瓜封顶，此种拼摆称为盘形，也称螺蛳形。

3. 质量标准

形态圆满，连接自如，刀口均匀，收口小，封顶适宜。

4. 要点分析

摆放时上一层只能遮住下层没有切断的地方。

八、桥形方腿

1. 选料

方腿 250 g。

2. 刀工处理

（1）将修下的方腿边角料，切成片或丝"打底"入盘。

（2）用一半方腿切片排齐放于左右两边做"扇面"不少于 10 片，将另一半切下的方腿整齐地片切成刀面，叠于两个"扇面"的中间，这种拼摆即桥形。

3. 质量标准

形态饱满，排列整齐，呈桥形，里外一致，盖面不少于 12 片。

4. 要点分析

垫底要饱满，片厚薄须一致。

九、馒头形白斩鸡

1. 选料

熟嫩鸡半只（750 g 左右）。

2. 刀工处理

（1）将熟的半只鸡去除翅膀后，将所有骨去除。

（2）把大腿部分与鸡脯分离后，用刀面轻拍几下。

（3）鸡脯肉用斜刀批成长 70 mm、宽 10 mm 的条，待用。

（4）将批下的碎鸡肉放在盘中间垫底。

（5）将鸡腿肉一分为二，两边略修成弧形，用斜刀批成长 60 mm、宽 10 mm 的条，放在盘两边。

（6）再将修好的鸡脯肉覆盖在上面，略带桥形。

（7）用两手将盘中鸡肉按成馒头形。

3. 质量标准

形态饱满，完整，重量适中；无连刀块，块形匀称，内外一致。

4. 要点分析

（1）选用的鸡不能太小。

（2）去骨时要小心，不能将鸡皮弄破。

十、双拼

1. 选料

两种冷拼原料（一荤一素），与单拼原料不能重复。

2. 刀工处理

（1）将两种原料的边角料切成丝或片，分别放盘中间垫底。

（2）将一种原料切成片后，排齐放在与底料相同的位置，做成一边的扇面。

（3）用另一种原料切成丝后，做成另一边的扇面，和原先的一个相衔接。

3. 质量标准

（1）底与面的原料要一致。

（2）两边大小要相等。

（3）片与片之间距离要相等。

（4）形态饱满，色彩搭配合理，盛器大小合适。

4. 要点分析

（1）荤素原料选料要恰当。

（2）中间接缝要小，片距对齐。

（3）底料不要堆得过高。

中式烹调师（五级）理论知识试卷（一）

注 意 事 项

1. 考试时间：90 min。
2. 请首先按要求在试卷的标封处填写您的姓名、准考证号和所在单位的名称。
3. 请仔细阅读各种题目的回答要求，在规定的位置填写您的答案。
4. 不要在试卷上乱写乱画，不要在标封区填写无关的内容。

	一	二	总分
得分			

得分	
评分人	

一、判断题（第 1～60 题。将判断结果填入括号中。正确的填"√"，错误的填"×"。每题 0.5 分，满分 30 分）

1. 烹调就是烹和调的结合。　　　　　　　　　　　　　　　　　　　　（　　）
2. 调的作用是除异味、增美味、定口味及添色彩。　　　　　　　　　　（　　）
3. 驴肉味道鲜美，素有"天上龙肉，地下驴肉"之称。　　　　　　　　（　　）
4. 饮食业的生产加工分为面点制作和冷菜制作，统称为烹饪技术。　　　（　　）
5. 中国菜的特点是选料复杂、切配简单、烹调方法单一、菜品丰富、特色鲜明。

　　　　　　　　　　　　　　　　　　　　　　　　　　　　　　　　（　　）
6. 鹅和鸡鸭相比，肉质较粗，且有腥味，作为烹饪原料，其应用也不如鸡鸭广泛。

　　　　　　　　　　　　　　　　　　　　　　　　　　　　　　　　（　　）
7. 鹌鹑肥美而香，肉质细嫩，肌纤维短，比其他家禽更为鲜美可口，富于营养。

　　　　　　　　　　　　　　　　　　　　　　　　　　　　　　　　（　　）
8. 海产品中大黄鱼鳞片大，嘴小而尖，肉鼓松，刺多；小黄鱼鳞片小，嘴圆尖刺少。

　　　　　　　　　　　　　　　　　　　　　　　　　　　　　　　　（　　）
9. 牙鲆鱼在我国沿海均产，东海、南海产量多质优。　　　　　　　　　（　　）
10. 我国以舟山群岛出产鱿鱼最多。　　　　　　　　　　　　　　　　　（　　）

11. 老虎鱼肉质极美，集鲜甜嫩滑于一身。（　　）

12. 刀鱼产于长江中下游以及珠江一带，为名贵的洄游鱼类。（　　）

13. 草鱼肉白色、细嫩、有弹性、多刺、味美。（　　）

14. 鲂鱼以秋冬季产的最肥。（　　）

15. 豆腐是黄豆磨成浆，烧沸后点碱水或石膏水（现为葡萄糖碱内脂）冷却凝结而成。（　　）

16. 孢子植物类包括豆荚类、可食用的食用菌及藻类等低等植物。（　　）

17. 鱿鱼是腔肠动物。海蜇是软体动物。（　　）

18. 白果有微毒，不宜多食。（　　）

19. 刀具根据其作用来分，一般可分为批刀、斩刀、前批后斩刀三种。（　　）

20. 菜刀用完后，可以用洁布擦干或涂少许油。（　　）

21. 叶菜类洗涤时，先切配后再用水洗涤。（　　）

22. 根茎类蔬菜要先清水洗涤，然后再除去外皮。（　　）

23. 家畜内脏适用翻洗法和盐醋法搓洗，尤其是内脏中的肺、肝等。（　　）

24. 家禽开膛方法有头开法、尾开法、左右开法三种。（　　）

25. 鸭在宰杀前，先喂一些冷水，并用冷水浇透鸭子的全身，这样就容易褪毛。（　　）

26. 鲫鱼的鳞片下有脂肪且味道鲜美，故不必去鳞。（　　）

27. 猪后腿分档，可分出磨档肉、弹子肉、臀尖肉、坐臀肉、黄瓜条和三叉肉六块。（　　）

28. 烫泡好的黄鳝在骨肉分离后，必须用冷水冲凉，否则划鳝丝时容易断裂。（　　）

29. 经刀工处理的原料便于食用，便于加热成熟，便于调味。（　　）

30. 原料在粗加工时可能会用到劈、斩等刀法。（　　）

31. 正确刀工操作姿势是：两脚站成丁字步，身体与砧板保持约 50 cm 距离。（　　）

32. 刀工就是刀法，只是叫法不一样。（　　）

33. 刀法除了直刀法、平刀法和斜刀法，还有其他刀法，如拍、刮等。（　　）

34. "块"的原料成形，大体可分象眼块、方块、劈柴块、滚料块等。（　　）

35. "片"由切或批形成，对松软易碎的原料，片要加工得薄些。（　　）

36. 丁是方形小块，比较大，1.5 cm 见方。（　　）

37. 所有球形原料都是用手捏出来。（　　）

38. 刀工要根据经理口味、喜好、习惯、随意施刀。（　　）

39. 大翻锅的幅度大，由拉、送、扬、接四个连续动作组成。（　　）

40. 油不但是良好传热介质，还是重要调味品之一。　　　　　　　　（　　）

41. 水有极强的渗透和溶解能力。　　　　　　　　　　　　　　　　（　　）

42. 烹调方法中滑炒菜和爆菜一般采用旺火，短时间加热。　　　　　（　　）

43. 火候要根据原料性状、出品要求、投料数量、传热介质、烹调方法的变化而灵活调整。　　　　　　　　　　　　　　　　　　　　　　　　　　　　　（　　）

44. 油在传递热量时具有排水性，能使原料快速成熟并脱水变脆。　　（　　）

45. 要根据原料质地老嫩和颜色深浅灵活调整好油温。　　　　　　　（　　）

46. 原料下锅数量多时，油温会下降，此时应将火力调小一些。　　　（　　）

47. 油温中"一成"指的是油燃点温度的1/10，一成油温约30℃。　　（　　）

48. 芡汁裹住菜肴外表，既能减缓菜肴热量散发，又能增加菜肴的透明光泽度。　　　　　　　　　　　　　　　　　　　　　　　　　　　　　　　　（　　）

49. 勾芡能使汤菜融合，弥补短时间烹调入味的不足。　　　　　　　（　　）

50. 勾芡能保证某些原料脆嫩，最为明显的是糖醋鱼。　　　　　　　（　　）

51. 勾芡后，由于淀粉的糊化作用，提高了汤汁浓度，使汤菜融和，增加滋味。　　　　　　　　　　　　　　　　　　　　　　　　　　　　　　　　（　　）

52. 无论使用何种手法勾芡，都要使芡汁成熟，所以勾芡时必须用大火。　（　　）

53. 麦淀粉黏性和光泽均较差。　　　　　　　　　　　　　　　　　（　　）

54. 盛装汤菜时，一般汤汁装入碗中离碗边沿约1 cm处为宜。　　　（　　）

55. 焯水，就是把原料放入水锅中加热至半熟或刚熟的状态。　　　　（　　）

56. 焯水的作用是，保持蔬菜口感脆嫩，色泽鲜艳，去除异味，易于烹调。　（　　）

57. 拍粉就是在经过调味的原料表面均匀地撒或按上一层面粉、淀粉或面包粉。　　　　　　　　　　　　　　　　　　　　　　　　　　　　　　　　（　　）

58. 菜肴的品质是由原料决定，原料的组合直接决定了菜肴的档次。　（　　）

59. "爆"是将脆性原料经过处理后，水对汁，中火热油中快速成熟的烹制方法。　　　　　　　　　　　　　　　　　　　　　　　　　　　　　　　（　　）

60. 食物中毒大致可分为病毒性食物中毒、有毒动植物中毒和物理性中毒。（　　）

二、单项选择题（第1～70题。选择一个正确的答案，将相应的字母填入题内的括号中。每题1分，满分70分）

1. 烹的作用是（　　）、增香、构成复合美味、增色美形及分解养料，便于吸收。

　　A. 杀菌消毒　　　　B. 除异味　　　　C. 定口味　　　　D. 调和滋味

2. 育龄（　　）的猪，肉质最好、鲜嫩、味美。

　　A. 半年　　　　B. 1～2年　　　　C. 2～3年　　　　D. 3～4年

3. 经过育肥的绵羊，肌肉中夹有脂肪，呈（　　）。

    A. 纯白色　　　　　B. 乳白色　　　　　C. 黄色　　　　　D. 淡黄色

4. 北京填鸭肌肉之间夹杂着白色的脂肪，（　　）细腻鲜亮，适用于烧烤。

    A. 红白相间　　　　B. 红黄相间　　　　C. 黄白相间　　　　D. 橙白相间

5. （　　）有祛寒、补血、益气的功能，是宴席中的名贵原料。

    A. 鸡蛋　　　　　　B. 鸭蛋　　　　　　C. 鹅蛋　　　　　　D. 鸽蛋

6. 海鳗肉质细嫩，富含（　　），为上等食用鱼类之一。

    A. 蛋白质　　　　　B. 脂肪　　　　　　C. 矿物质　　　　　D. 维生素

7. 银鱼肉质嫩软，味鲜美，可食率达（　　）。

    A. 100%　　　　　　B. 98%　　　　　　C. 95%　　　　　　D. 90%

8. 妇女哺乳期间食用（　　）可发奶。

    A. 鳜鱼　　　　　　B. 鲥鱼　　　　　　C. 鲤鱼　　　　　　D. 鲫鱼

9. 鲥鱼磷的脂肪丰富，烹制时脂肪溶化于肉，更增添鱼肉（　　）滋味。

    A. 鲜香　　　　　　B. 鲜嫩　　　　　　C. 鲜韧　　　　　　D. 鲜硬

10. 鳗鲡肉细嫩、肥润，蛋白质和脂肪含量（　　），是我国高级的江河性洄游鱼类之一。

    A. 很少　　　　　　B. 较少　　　　　　C. 一般　　　　　　D. 很高

11. 梭子蟹我国沿海均产，以（　　）所产最为著名。

    A. 广东　　　　　　B. 福建　　　　　　C. 浙江　　　　　　D. 渤海湾

12. （　　）营养丰富，被誉为"海中鸡蛋"。

    A. 牡蛎　　　　　　B. 文蛤　　　　　　C. 海螺　　　　　　D. 贻贝

13. 泥鳅蛋白质含量达（　　）以上，营养丰富，为出口水产品之一。

    A. 22%　　　　　　B. 32%　　　　　　C. 42%　　　　　　D. 52%

14. 霜降后，青菜中的（　　）转化为葡萄糖，因而味略甜。

    A. 蛋白质　　　　　B. 维生素　　　　　C. 淀粉　　　　　　D. 矿物质

15. 莼菜质地柔滑，多用于（　　）。

    A. 做汤　　　　　　B. 调味　　　　　　C. 面点馅心　　　　D. 去腥

16. 嫩姜一般在（　　）收获，可直接当配料做菜。

    A. 7月份　　　　　B. 8月份　　　　　C. 9月份　　　　　D. 10月份

17. 目前栽培最多、最广泛的辣椒是灯笼椒类和（　　）。

    A. 樱桃椒类　　　　B. 圆锥椒类　　　　C. 生椒类　　　　　D. 长角椒类

18. 卷心菜又称结球甘蓝、（　　）、圆白菜、洋白菜等。

    A. 黄芽菜   B. 大白菜   C. 结球白菜   D. 包心菜

19. 植物蛋白肉是大豆经（　　）处理后提取的一种组织蛋白。

    A. 蒸煮   B. 脱脂   C. 发酵   D. 碱水

20. 食用菊又称甘菊，我国各地均有栽培，尤以（　　）出名。

    A. 贡菊   B. 杭白菊   C. 甘肃菊   D. 新疆菊

21. 柑橘含（　　）较多，还含有人体所必需的多种维生素和矿物质。

    A. 维生素 A   B. 维生素 B   C. 维生素 C   D. 维生素 E

22. 产于我国西沙群岛的（　　）是海参中最大的一种。

    A. 刺参   B. 乌参   C. 元乌参   D. 梅花参

23. 玉兰片是毛竹嫩芽出土或刚出土的（　　）干制品，因其形状似玉兰花瓣，故称玉兰片。

    A. 老笋   B. 嫩笋   C. 熟笋   D. 隔年笋

24. 每百克鲜枣中的维生素 C 含量在水果中占第（　　）位。

    A. 一   B. 二   C. 三   D. 四

25. 菜刀要经常磨，磨菜刀时要做到（　　）。

    A. 只磨两头   B. 磨中间带两头

    C. 菜刀不能磨出刀砖   D. 菜刀要磨出刀砖

26. 花、果类菜初步处理时主要掐去（　　），削去污斑，挖除蛀洞等。

    A. 老纤维   B. 老蕊   C. 花部   D. 果部

27. 家禽开膛方法有股开法、（　　）、背开法三种。

    A. 上开法   B. 肋开法   C. 下开法   D. 左右开法

28. 猪后腿分档，可分出磨档肉、弹子肉、臀头肉、（　　）、黄瓜条、三叉肉六块。

    A. 三号肉   B. 坐臀肉   C. 夹心肉   D. 上脑肉

29. 为了保持鳝背的（　　），一般不用水冲洗，而用抹布擦净血迹和黏液。

    A. 嫩性   B. 硬性   C. 脆性   D. 软性

30. 鳝鱼加工时持剪刀在喉部横剪一刀，随后将（　　）插入刀口内，用力卷出内脏。

    A. 剪刀   B. 两根筷子   C. 木棒   D. 小刀

31. 刀工技法中，对原料细加工方法有（　　）等，对原料美化的方法有剞等。

    A. 劈   B. 雕刻   C. 削   D. 批

32. 刀法除了直刀法、平刀法、斜刀法，还有其他刀法如拍、（　　）等。

    A. 滚   B. 捏   C. 挤   D. 刮

33. 蓉是用切碎的小形原料，再采用（　　）斩得更细称为蓉，现用碾碎机代替。
    A. 挂刀法　　　　B. 排刀法　　　　C. 推刀法　　　　D. 斜刀法

34. 下列不属于刀工要求的是（　　）。
    A. 因材施刀　　　B. 随意施刀　　　C. 均匀一致　　　D. 物尽其用

35. 铁筷子是两根 30 cm 左右长的细铁棍，主要用来（　　）原料。
    A. 捞取　　　　　B. 翻转　　　　　C. 夹取　　　　　D. 滑散

36. 蒸锅灶的特点是（　　），不粘锅。
    A. 传热慢　　　　B. 传热快　　　　C. 热效高　　　　D. 热效低

37. 火力大小和（　　）的变化情况称为火候。
    A. 时间高低　　　B. 火焰长短　　　C. 火光颜色　　　D. 时间长短

38. 蒸汽的温度比沸水略高，有压力，故原料易蒸酥，还能保持原汁、（　　）。
    A. 原来大小　　　B. 原来厚度　　　C. 原色　　　　　D. 原味

39. 火候要根据原料性状、出品要求、（　　）、传热介质、烹调方法的变化而灵活调整。
    A. 投料滋味　　　B. 投料数量　　　C. 投料质量　　　D. 投料好坏

40. 油温变化与火力大小、（　　）、投料数量三者密切相关。
    A. 原料口味　　　B. 原料形状　　　C. 火焰高低　　　D. 原料好坏

41. 勾芡能使汤菜融合，弥补（　　）烹调入味的不足。
    A. 短时间　　　　B. 长时间　　　　C. 较长时间　　　D. 多时间

42. 芡汁裹住菜肴外表，既能减缓菜肴（　　）散发，又能增加菜肴的透明光泽度。
    A. 能量　　　　　B. 鲜味　　　　　C. 热量　　　　　D. 香味

43. 勾芡按芡汁的稠度分为厚芡、（　　）两大类
    A. 立芡　　　　　B. 薄芡　　　　　C. 色芡　　　　　D. 糊芡

44. "拌"的勾芡手法多用于（　　）、炒、熘等旺火速成技法的厚芡类菜肴。
    A. 炸　　　　　　B. 脆熘　　　　　C. 爆　　　　　　D. 生滑

45. 勾芡要适时，烧、烩、扒类菜肴必须在菜肴（　　）时勾芡。
    A. 未熟　　　　　B. 半熟　　　　　C. 接近成熟　　　D. 完全成熟

46. 无论使用何种手法勾芡，都要使芡汁成熟，所以勾芡时必须用（　　）。
    A. 苗火　　　　　B. 大火　　　　　C. 小火　　　　　D. 温火

47. 基础味型是最常用的调味味型，它可分为（　　）和复合味两大类。
    A. 单一味　　　　B. 酸甜味　　　　C. 咸鲜味　　　　D. 咸辣味

48. 常用复合味有鲜咸、香咸、辣咸、甜咸、香辣、（　　）等。

A. 咸爽　　　　　B. 香甜　　　　　C. 酸　　　　　D. 甜酸

49. 原料在加热（　　）调味，可称为基本调味。

A. 前　　　　　B. 中　　　　　C. 后　　　　　D. 结束

50. 厨师应当了解所烹制的菜肴的正确口味，应当分清复合味中各种味道的（　　）。

A. 变化　　　　　B. 主次　　　　　C. 比例　　　　　D. 特点

51. 对于像（　　）这样本身无显著滋味的原料，要适当增加滋味。

A. 鱼翅　　　　　B. 蔬菜　　　　　C. 豆制品　　　　　D. 内脏

52. 菜肴盛装的优劣，不仅关系到菜肴的形态（　　），也关系到出品的整洁卫生。

A. 美观　　　　　B. 色彩　　　　　C. 气味　　　　　D. 平衡

53. 饮食业餐具中，腰盘的规格通常以（　　）的长度为度量标准。

A. 长轴　　　　　B. 短轴　　　　　C. 周长　　　　　D. 直径

54. 盛器的种类应与菜肴（　　）相配合。

A. 重量　　　　　B. 名称　　　　　C. 颜色　　　　　D. 品种

55. 冷菜拼摆形式有单拼、双拼、三拼、（　　）、花色冷盘。

A. 花鸟冷盘　　　B. 什锦冷盘　　　C. 金鱼冷盘　　　D. 景色冷盘

56. （　　）、炖、焖菜的盛装法有拖入法、盛入法和扣入法。

A. 炸　　　　　B. 爆　　　　　C. 烧　　　　　D. 盖

57. 焯水时可以除去蔬菜中的（　　）、苦味、辣味。

A. 涩味　　　　　B. 香味　　　　　C. 甜味　　　　　D. 咸味

58. 走油就是把成型原料放入油锅中加热（　　）或炸成半熟制品的一种熟处理方法。

A. 半生　　　　　B. 呈淡黄色　　　C. 成熟　　　　　D. 至酥烂

59. 汽蒸能更有效地保持原料（　　）和原汁原味。

A. 质地脆硬　　　B. 口味香脆　　　C. 营养成分　　　D. 口味脆嫩

60. 卤汁走红一般用以制作（　　）烹调方法的菜肴。

A. 烧蒸类　　　　B. 蒸卤类　　　　C. 炸炒类　　　　D. 焖烩类

61. 卤汁走红应根据菜肴的需要，掌握（　　）调味品用量和卤汁颜色的深浅。

A. 基本　　　　　B. 特色　　　　　C. 有色　　　　　D. 复合

62. 糊浆处理就是在原料表面包裹上一层（　　）糊浆或粉浆。

A. 黏性　　　　　B. 滑性　　　　　C. 脆性　　　　　D. 软性

63. 上浆就是把原料与淀粉、蛋液、（　　）、水巧妙地结合，从而达到烹调前原料标准。

A. 面粉　　　　　B. 调味品　　　　　C. 副食品　　　　　D. 食品

64. 拍粉就是在经过调味的原料表面均匀地（　　）上一层面粉、淀粉或面包粉。

　　A. 淋　　　　　B. 浇　　　　　C. 撒或按　　　　　D. 拌

65. 配菜是将（　　）的原料或经整理、初加工后的原料有机配置在一起。

　　A. 去皮后　　　　　B. 洗净后　　　　　C. 刀工处理好　　　　　D. 去除老叶

66. 原料的外形取决于刀工，而菜肴整个的（　　）则由配菜来决定。

　　A. 质量　　　　　B. 外观　　　　　C. 色彩　　　　　D. 档次

67. 配菜确定菜肴的（　　）价值。

　　A. 观赏　　　　　B. 营养　　　　　C. 营销　　　　　D. 食用

68. （　　）是指一种菜肴除使用主料外，又添入一定数量的副料。

　　A. 单一料的配合　　　　　　　　　B. 主料与副料的配合

　　C. 不分主副料的配合　　　　　　　D. 主料与调料的配合

69. 菜肴配色依实际情形而定，但以色彩调和、（　　）为原则。

　　A. 易于操作　　　　　B. 荤素搭配　　　　　C. 具有美感　　　　　D. 口感统一

70. 配菜时要考虑菜肴的品质、数量、（　　）、营养价值及创新等重要因素。

　　A. 盈利　　　　　B. 成本　　　　　C. 税金　　　　　D. 费用

中式烹调师（五级）理论知识试卷（二）

注 意 事 项

1. 考试时间：90 min。

2. 请首先按要求在试卷的标封处填写您的姓名、准考证号和所在单位的名称。

3. 请仔细阅读各种题目的回答要求，在规定的位置填写您的答案。

4. 不要在试卷上乱写乱画，不要在标封区填写无关的内容。

	一	二	总分
得分			

得分	
评分人	

一、判断题（第 1～60 题。将判断结果填入括号中。正确的填"√"，错误的填"×"。每题 0.5 分，满分 30 分）

1. 食物原料经加热，并使之成熟即为烹饪。　　　　　　　　　　　　　　（　　）

2. 饮食业的生产加工分为面点制作和菜肴制作，统称为烹饪技术。　　　（　　）

3. 常用家畜脏杂中猪肝主要特点是细胞成分多，质地柔软，嫩而多汁。　（　　）

4. 厨师应具备的素质是良好的厨德、丰富的人际关系并且与领导搞好关系。（　　）

5. 烹饪原料按性质分类可分为动物性原料和植物性原料。　　　　　　　（　　）

6. 鳓鱼刺多，肉细嫩，味醇香，鳞下脂肪很多，为脂制成鱼的重要原料。（　　）

7. 鳕鱼的肉、骨、肝均可药用。　　　　　　　　　　　　　　　　　　（　　）

8. 河鲤鱼青黑鳞，刺硬，有泥土味，但肉质细嫩。　　　　　　　　　　（　　）

9. 黑鱼肉肥味美，但皮厚，不适宜起肉制鱼片、鱼丝、鱼丁用于滑炒等。（　　）

10. 基围虾是一种人工养殖的虾，常见基围虾有斑节虾和草虾两种。　　　（　　）

11. 螃蟹一般以中秋节前后为盛产期。　　　　　　　　　　　　　　　　（　　）

12. 青蟹中雌蟹又叫膏蟹，雄蟹又叫肉蟹。　　　　　　　　　　　　　　（　　）

13. 牡蛎除鲜食外，还可加工成耗油。　　　　　　　　　　　　　　　　（　　）

14. 文蛤又名赤贝、麻蛤，分布于近海泥沙质的海底。　　　　　　　　　（　　）

15. 象鼻蚌肉质细嫩脆爽，不适宜用作刺身。 （　　）

16. 山瑞肉质比鳖嫩，且鲜美过之。 （　　）

17. 蕹菜为夏、秋高温季节的蔬菜。 （　　）

18. 马铃薯又名土豆，被一些国家称为"蔬菜之王"和"第二面包"。 （　　）

19. 我国食用藕中白花藕纤维少，味甜，品质较好。 （　　）

20. 孢子植物类包括食用菌、水生藻类及地衣类等低等植物。 （　　）

21. 牡蛎常年均有生产，但以产卵期生产的牡蛎最好。 （　　）

22. 琼脂是一种多糖胶质。 （　　）

23. 玉兰片是南竹嫩芽出土或刚出土的嫩笋干制品，因其形状似玉兰花瓣而定名。

（　　）

24. 刀具根据其作用来分，一般可分为圆刀头、方刀头、马刀头三种。 （　　）

25. 磨菜刀要"磨两头中间"，菜刀要磨出刀砖才能保持刀砖平整耐用。 （　　）

26. 砧板用完后应刮洗干净，竖起，用洁布罩好，放通风处备用。 （　　）

27. 鸡分档取料，可取出里脊肉，胸部肉和大腿肉等。 （　　）

28. 鳝段加工时左手捏住黄鳝的头，右手持剪刀在喉部插入，向尾部推去。 （　　）

29. 猪后腿分档，可分出夹心肉、上脑肉、槽头肉、三号肉、里脊条和蹄膀肉六块。

（　　）

30. 鸡分档取料，可取出最嫩的翅膀肉，较嫩的里脊肉，较老的胸部肉。 （　　）

31. 沸水烫泡黄鳝时要加少量盐，能使肉质坚实、光洁、不宜断散。 （　　）

32. 烫泡后黄鳝内部的血必须凝固并呈褐色，说明是活黄鳝烫泡的。 （　　）

33. 为了使虾仁色白肉脆，可放入适量食用苏打洗涤。 （　　）

34. 将蟹黄和蟹肉混放在一起，称为蟹粉。 （　　）

35. 刀工就是根据烹调和食用要求，运用各种刀法将原料加工成一定形状的操作过程。 （　　）

36. 操作过程中刀身（刀面）始终与砧板呈直角，称直刀法。 （　　）

37. 操作过程中刀面与砧板呈平行状态，称平刀法。 （　　）

38. 刀刃与原料接触角度为锐角（或钝角），称斜刀法。 （　　）

39. 拍和刮不属于刀工技法。 （　　）

40. "块"的原料成形，大体可分圆块、球块、主体块、厚片等。 （　　）

41. 原料成形时，有些球形可以用专用半圆勺挖出来。 （　　）

42. 刀工要根据烹调成品要求、因材施刀、均匀一致并要物尽其用，减少浪费。

（　　）

43. 烹调工具一般有锅、手勺、漏勺、笊篱、网筛、手铲、铁叉等。　　　（　　）

44. 蒸屉是用来蒸制菜肴的工具，其规格较多。　　　（　　）

45. "片"由切或批形成，一般"氽"用的片叶韧性甲料片要加工得薄些。　（　　）

46. 丝有粗细、长短之分，但要求切丝必须均匀。　　　（　　）

47. 将整块原料用排刀法斩细称为"蓉"，一般不能用碾碎机代替。　　（　　）

48. 蓉可将原料直接采用排刀法斩成。　　　（　　）

49. 勾芡也称着芡、拢芡或着腻。　　　（　　）

50. 勾芡可使菜肴汤汁里的维生素等营养物质易于黏附在菜肴上，从而减少营养素的流失。　　　（　　）

51. 玉米淀粉糊化后黏性足，吸水性比土豆淀粉强，有光泽，脱水后脆硬度强。　　　（　　）

52. 烩菜的盛装，羹汤一般装至占餐具容积的90%左右。　　　（　　）

53. 走油，就是把成型原料放入油锅中加热成熟或炸成半熟制品，为正式烹调缩短时间。　　　（　　）

54. 焯水的作用是，能除去动物性原料血污和腥膻味，还能缩短烹调时间。　（　　）

55. 配菜时要考虑菜肴的品质、数量、成本、营养价值及创新等重要因素。　（　　）

56. "炒"是以油或油与金属为主要传热介质，将小形原料用中、旺火在较短时间内加热成熟，调味成菜的烹调方法。　　　（　　）

57. 烧是原料以水为主要传热介质，经"旺火——文火——旺火"三个过程加热，成菜具有熟嫩质感的烹调方法。　　　（　　）

58. 排菜的主要任务包括调整好上菜次序、派菜程序和原料的初加工等。　（　　）

59. 食物中细菌性食物中毒高发季节通常为5～10月份。　　　（　　）

60. 化学中毒分硅中毒、铜中毒、银中毒和亚硝酸盐中毒等。　　　（　　）

二、单项选择题（第1～70题。选择一个正确的答案，将相应的字母填入题内的括号中。每题1分，满分70分）

1. 食物原料经（　　），并使之成熟即为烹饪。

　　A. 加热　　　　　B. 清洗　　　　　C. 整理　　　　　D. 刀工处理

2. 中国菜的特点是选料广博、（　　）、烹调方法繁多、菜品丰富、特色鲜明。

　　A. 切配单一　　　B. 切配复杂　　　C. 切配随意　　　D. 切配讲究

3. 山羊皮下脂肪稀少，但在（　　）积存较多的脂肪，有腥味，肉质不如绵羊。

　　A. 胸部　　　　　B. 背部　　　　　C. 腹部　　　　　D. 尾部

4. 常用家畜脏杂中猪肝主要特点是细胞成分多和（　　）。

A. 质地老韧　　　　B. 老而多汁　　　　C. 质地柔软　　　　D. 质地坚硬

5. 火鸡肉质较老，口感（　　），营养丰富。

A. 肥香　　　　　　B. 细腻　　　　　　C. 柔韧　　　　　　D. 清淡

6. 带鱼一般体长 60～120 cm，其中（　　）带鱼体形偏小。

A. 渤海　　　　　　B. 黄海　　　　　　C. 东海　　　　　　D. 南海

7. （　　）属上等食用鱼类，是福建、广东菜中的常用原料。

A. 鲈鱼　　　　　　B. 真鲷　　　　　　C. 银鲳　　　　　　D. 石斑鱼

8. （　　）烹调后味似鸡肉，有"水中之鸡"美誉。

A. 鲂鱼　　　　　　B. 罗非鱼　　　　　C. 虹鳟鱼　　　　　D. 黄颡鱼

9. 虾蛄肉质鲜甜嫩滑，以（　　）卵成熟为块状时最佳。

A. 春季　　　　　　B. 夏季　　　　　　C. 秋季　　　　　　D. 冬季

10. 河蚌肉（　　），味鲜，加工后宜红烧、烩、炒等。

A. 白色　　　　　　B. 灰褐色　　　　　C. 橘黄色　　　　　D. 淡黄色

11. 在（　　）生殖季节，海胆的生殖腺充满了整个壳体，剪开即可食用。

A. 4—5月份　　　　B. 5—6月份　　　　C. 6—7月份　　　　D. 7—8月份

12. 芫荽在烹调中的作用主要是（　　）。

A. 装饰　　　　　　B. 调味　　　　　　C. 调色　　　　　　D. 去腥

13. 以下萝卜中，（　　）肉质根粗大，品质优良，耐储藏。

A. 春萝卜　　　　　B. 夏秋萝卜　　　　C. 四级萝卜　　　　D. 冬萝卜

14. 洋葱中（　　）最耐储存，品质最好。

A. 青皮洋葱　　　　B. 红皮洋葱　　　　C. 黄皮洋葱　　　　D. 白皮洋葱

15. 笋瓜又名北瓜，果实多为椭圆形，果面平滑，嫩果（　　）。

A. 青色　　　　　　B. 红色　　　　　　C. 黄色　　　　　　D. 白色

16. 番茄又称西红柿，原产（　　），是目前世界上大面积栽培的蔬菜之一。

A. 亚洲　　　　　　B. 澳洲　　　　　　C. 欧洲　　　　　　D. 南美洲

17. 马铃薯又名土豆，被一些国家称为（　　）和"第二面包"。

A. "蔬菜之王"　　　B. "第一食品"　　　C. "粮食之王"　　　D. "第二蔬菜"

18. 腐竹和豆皮蛋白质含量高达（　　），称得上植物原料含蛋白质之最。

A. 45%　　　　　　B. 50%　　　　　　C. 55%　　　　　　D. 60%

19. 平菇的菌盖呈（　　）或平展呈喇叭形。

A. 圆形　　　　　　B. 扇形　　　　　　C. 伞形　　　　　　D. 椭圆形

20. 哈密瓜佳品味浓香甜，含糖量一般可达（　　）。

A. 4%～8%　　　　B. 7%～12%　　　　C. 8%～15%　　　　D. 15%～20%

21. 海米又称虾米，以产于龙须岛的（　　　）质量最优。

A. 勾米　　　　　B. 金钩海米　　　　C. 河米　　　　　D. 湖米

22. （　　　）是蘑菇类中营养价值最高的一种。

A. 蘑菇　　　　　B. 口蘑　　　　　C. 香菇　　　　　D. 草菇

23. 核桃仁含丰富的脂肪和蛋白质，一般可达（　　　）以上，为著名的滋补食品。

A. 50%　　　　　B. 55%　　　　　C. 60%　　　　　D. 65%

24. 刀用完后，用洁布擦干或涂少许油，防止（　　　）、失去光度和锋利度。

A. 氧化　　　　　B. 汽化　　　　　C. 变化　　　　　D. 水化

25. 放置冰箱时，背部应离墙壁（　　　），以保证冷凝器有良好的自然通风条件。

A. 5 cm 以下　　　B. 6 cm 以上　　　C. 10 cm 以上　　　D. 5 cm

26. 适用于隔年鸭子燖毛的水温是（　　　）。

A. 70～80℃　　　B. 80～90℃　　　C. 90～100℃　　　D. 100～110℃

27. 鱼的分档可取鱼头、鱼尾、（　　　）、鱼中段等。

A. 鱼背　　　　　B. 鱼鳃　　　　　C. 鱼尾骨　　　　D. 鱼头骨

28. 正确刀工操作姿势是：两脚站成（　　　），身体与砧板保持约 10 cm 距离。

A. 弓步　　　　　B. 马步　　　　　C. 八字步　　　　D. 丁字步

29. 刀工技法中，对原料粗加工方法有（　　　）等。

A. 刮　　　　　　B. 雕刻　　　　　C. 劈、斩　　　　D. 削、刮

30. "块"的原料成形，大体可分（　　　）、方块、劈柴块、滚料块等。

A. 象眼块　　　　B. 圆块　　　　　C. 球块　　　　　D. 主体块

31. 米比粒小，比末大，大小如高粱米，是将（　　　）改刀成米。

A. 粗条　　　　　B. 细条　　　　　C. 粗丝　　　　　D. 细丝

32. 漏勺的直径为（　　　），勺面多孔。

A. 12～16 cm　　　B. 16～18 cm　　　C. 18～24 cm　　　D. 20～30 cm

33. 由于（　　　）没有烟道，所以燃料燃烧不快，火力分散而且均匀。

A. 烤炉　　　　　B. 烘炉　　　　　C. 熏炉　　　　　D. 烤箱

34. 小翻锅一般用左右握锅，先（　　　），再后拉，不断颠翻，菜肴翻动幅度小，不出锅。

A. 旋转　　　　　B. 向右　　　　　C. 向左　　　　　D. 向前

35. 常见的热传递有（　　　）、对流、辐射和微波四大方式。

A. 流动　　　　　B. 传送　　　　　C. 传导　　　　　D. 传播

36. 水有极强的（　　）和溶解能力。
　　A. 渗透　　　　　B. 透视　　　　　C. 熔化　　　　　D. 调节

37. 如果原料质地老，火力要（　　），加热时间要长些。
　　A. 用大火　　　　B. 大些　　　　　C. 小些　　　　　D. 用旺火

38. 直火辐射指烤、熏、烘和用（　　）与泥沙传热的盐焗、泥烤等烹调方法。
　　A. 盐　　　　　　B. 糖　　　　　　C. 面粉　　　　　D. 淀粉

39. 菜肴在接近成熟时（　　），底油不宜过多。
　　A. 定型　　　　　B. 勾芡　　　　　C. 上浆　　　　　D. 离火

40. 勾芡后，由于淀粉的糊化作用，提高了汤汁浓度，使汤菜融合，增加（　　）。
　　A. 营养　　　　　B. 咸味　　　　　C. 甜味　　　　　D. 滋味

41. 勾芡后，由于淀粉的（　　）作用，提高了汤汁浓度，使汤菜融合，增加滋味。
　　A. 理化　　　　　B. 分化　　　　　C. 糊化　　　　　D. 老化

42. 绿豆淀粉细腻，（　　）足，颜色洁白微带青绿色光泽，但吸水性差。
　　A. 弹性　　　　　B. 脆性　　　　　C. 黏性　　　　　D. 滑性

43. 勾芡中厚芡可分为（　　）、包芡、糊芡三种。
　　A. 汤芡　　　　　B. 干芡　　　　　C. 立芡　　　　　D. 流芡

44. "浇"的勾芡手法多用于（　　）或扒的菜肴，尤其是熘大块、整只（条）菜肴。
　　A. 脆熘　　　　　B. 滑油　　　　　C. 红烧　　　　　D. 烩

45. 不同的勾芡，要有不同量的（　　）与之适应，过多过少都会破坏勾芡的效果。
　　A. 淀粉　　　　　B. 水分　　　　　C. 汤汁　　　　　D. 调味

46. 芡粉受热吸水糊化，（　　）多了会影响芡粉吸水，且使芡汁难以包裹原料。
　　A. 水　　　　　　B. 油　　　　　　C. 盐　　　　　　D. 粉

47. 常用复合味有（　　）、香咸、辣咸、甜咸、香辣、甜酸等。
　　A. 咸麻　　　　　B. 香甜　　　　　C. 鲜咸　　　　　D. 咸酸

48. 以下调味品中（　　）属于甜咸味。
　　A. 糖醋汁　　　　B. 甜面酱　　　　C. 番茄沙司　　　D. 山楂酱

49. （　　）在调味中的作用仅次于咸味。
　　A. 酸味　　　　　B. 辣味　　　　　C. 鲜味　　　　　D. 甜味

50. 必须按照地方菜的不同规格要求进行调味，以保持菜肴一定的（　　）。
　　A. 口味　　　　　B. 规格　　　　　C. 风味特色　　　D. 味型

51. 应根据调味品不同的（　　）性质和化学性质合理选用盛装器具。
　　A. 物理　　　　　B. 物质　　　　　C. 滋味　　　　　D. 形态

52. 菜肴盛装要注意色和形的美观，分装必须均匀，并（　　）完成。
   A. 多次　　　　　　B. 重复　　　　　　C. 反复　　　　　　D. 一次

53. 盛器的大小应与菜肴（　　）相适应。
   A. 色彩　　　　　　B. 品种　　　　　　C. 重量　　　　　　D. 质量

54. 菜肴装盘应掌握盛盘与菜肴数量、（　　）、色彩、价值相配合的原则。
   A. 出品率　　　　　B. 品味　　　　　　C. 品种　　　　　　D. 质地

55. 冷盘拼摆的手法有（　　）、堆、叠、围、摆、覆。
   A. 酿　　　　　　　B. 扣　　　　　　　C. 排　　　　　　　D. 卷

56. 烧、（　　）、闷菜的盛装法有拖入法、盛入法和扣入法。
   A. 炸　　　　　　　B. 爆　　　　　　　C. 蒸　　　　　　　D. 炖

57. 蔬菜焯水会造成（　　）的较大损失。
   A. 脂肪　　　　　　B. 矿物质　　　　　C. 维生素　　　　　D. 蛋白质

58. 走红能增加原料色泽，（　　），除异味，并使原料定形。
   A. 增香味　　　　　B. 增甜味　　　　　C. 除香味　　　　　D. 除鲜味

59. 走油就是把成型原料放入油锅中加热成熟或炸成（　　）制品的一种熟处理方法。
   A. 三分熟　　　　　B. 烂熟　　　　　　C. 乳白色　　　　　D. 半熟

60. （　　）适用于体积较大、韧性较强、不易煮烂的原料。
   A. 旺火沸水长时间蒸制法　　　　　　B. 旺火沸水短时间蒸制法
   C. 中火沸水急剧蒸制法　　　　　　　D. 中火沸水徐缓蒸制法

61. 挂糊不仅能减少原料中的水分和其他营养成分的流失，还能使制品形成特殊的（　　）。
   A. 甜味　　　　　　B. 风味　　　　　　C. 鲜味　　　　　　D. 酸味

62. 调制糊浆厚度的一般原则是（　　）糊应稀一些。
   A. 较嫩的原料　　　　　　　　　　　B. 较老的原料
   C. 冷冻原料　　　　　　　　　　　　D. 挂糊后烹调的原料

63. 上浆种类一般有（　　）、全蛋浆、干粉浆及苏打浆等。
   A. 蛋泡浆　　　　　B. 麻辣浆　　　　　C. 蛋清浆　　　　　D. 酵母浆

64. 拍粉的形式有（　　）、拍粉拖蛋液、拍粉拖蛋液后再粘上花生等原料三种。
   A. 单纯拍粉　　　　B. 拍芝麻　　　　　C. 拍花生　　　　　D. 拍麦片

65. 菜肴的品质是由原料决定，原料的（　　）直接决定了菜肴的档次。
   A. 数量　　　　　　B. 质量　　　　　　C. 组合　　　　　　D. 品种

66. 配菜时所采用材料的（   ）、分量的多寡，将直接影响菜肴的成本。

    A. 品质　　　　　　B. 口味　　　　　　C. 价值　　　　　　D. 色彩

67. 单一原料菜肴主要以品尝该原料特有的（   ）为目的。

    A. 口味　　　　　　B. 风味　　　　　　C. 质感　　　　　　D. 口感

68. 所谓不分主副料的配合，是指两种或两种以上（   ）略同的材料所构成的菜肴，其中主副料不必加以区分。

    A. 颜色　　　　　　B. 口味　　　　　　C. 分量　　　　　　D. 形态

69. 加热时间的长短与原料（   ）差异有密切关系。

    A. 色彩的　　　　　B. 香味的　　　　　C. 质感的　　　　　D. 形状的

70. 配菜要考虑到（   ）、香味、滋味、成型的协调与有机组合。

    A. 色泽　　　　　　B. 大小　　　　　　C. 高低　　　　　　D. 冷暖

中式烹调师（五级）理论知识试卷（一）参考答案

一、判断题

1. √	2. √	3. √	4. ×	5. ×	6. √	7. √	8. ×	9. ×
10. ×	11. √	12. √	13. √	14. √	15. ×	16. ×	17. ×	18. √
19. √	20. √	21. ×	22. ×	23. √	24. ×	25. √	26. √	27. √
28. √	29. √	30. √	31. ×	32. ×	33. √	34. √	35. √	36. ×
37. ×	38. ×	39. √	40. √	41. √	42. √	43. √	44. √	45. ×
46. ×	47. √	48. √	49. √	50. √	51. √	52. √	53. √	54. √
55. √	56. √	57. √	58. √	59. ×	60. ×			

二、单项选择题

1. A	2. B	3. A	4. A	5. D	6. B	7. A	8. D	9. B
10. D	11. D	12. D	13. A	14. C	15. A	16. B	17. D	18. D
19. B	20. D	21. C	22. D	23. B	24. A	25. D	26. A	27. B
28. B	29. C	30. B	31. D	32. D	33. B	34. B	35. D	36. B
37. D	38. D	39. B	40. B	41. A	42. C	43. B	44. C	45. D
46. B	47. A	48. D	49. A	50. B	51. A	52. A	53. A	54. D
55. B	56. C	57. A	58. C	59. C	60. A	61. C	62. A	63. B
64. C	65. C	66. B	67. B	68. B	69. C	70. B		

中式烹调师（五级）理论知识试卷（二）参考答案

一、判断题

1. √	2. √	3. √	4. ×	5. ×	6. √	7. √	8. ×	9. ×
10. √	11. √	12. √	13. √	14. ×	15. ×	16. ×	17. √	18. √
19. √	20. ×	21. √	22. √	23. √	24. ×	25. √	26. √	27. √
28. √	29. ×	30. ×	31. √	32. √	33. √	34. √	35. √	36. √
37. √	38. √	39. ×	40. ×	41. √	42. √	43. √	44. √	45. √
46. √	47. ×	48. ×	49. √	50. √	51. √	52. √	53. √	54. √
55. √	56. √	57. √	58. √	59. √	60. ×			

二、单项选择题

1. A	2. D	3. C	4. C	5. D	6. C	7. D	8. C	9. A
10. D	11. C	12. B	13. D	14. D	15. D	16. D	17. A	18. B
19. B	20. C	21. B	22. B	23. C	24. A	25. C	26. C	27. A
28. C	29. C	30. A	31. C	32. C	33. B	34. D	35. C	36. A
37. C	38. A	39. B	40. D	41. C	42. C	43. C	44. A	45. C
46. B	47. C	48. B	49. D	50. C	51. C	52. D	53. C	54. C
55. C	56. D	57. C	58. A	59. D	60. C	61. B	62. B	63. C
64. A	65. C	66. C	67. B	68. C	69. D	70. A		